光尘

LUXOPUS

儿童感觉统合训练手册

杨霞

著

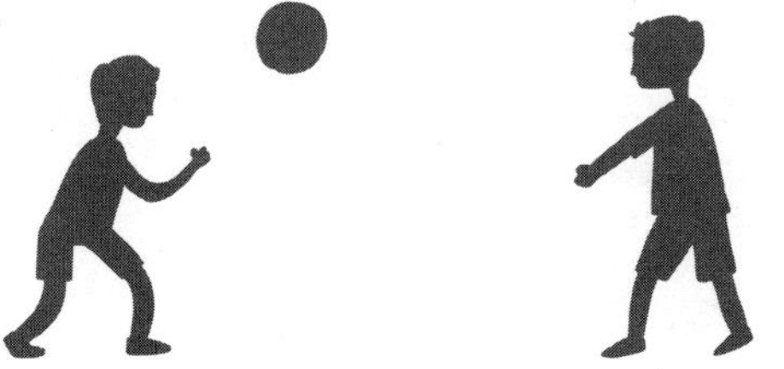

图书在版编目（CIP）数据

儿童感觉统合训练手册 / 杨霞著 . —北京：北京联合出版公司，2022. 3

ISBN 978-7-5596-5975-0

Ⅰ . ①儿… Ⅱ . ①杨… Ⅲ . ①儿童—感觉统合失调—训练—手册 Ⅳ . ① B844.12-62

中国版本图书馆 CIP 数据核字（2022）第 024145 号

儿童感觉统合训练手册

著　　者：杨　霞
出 品 人：赵红仕
责任编辑：李　伟

北京联合出版公司出版
（北京市西城区德外大街 83 号楼 9 层　100088）
北京联合天畅文化传播公司发行
北京市荣盛彩色印刷有限公司印刷　新华书店经销
字数 120 千字　880 毫米 ×1230 毫米　1/32　9.75 印张
2022 年 3 月第 1 版　2022 年 3 月第 1 次印刷
ISBN 978-7-5596-5975-0
定价：59.00 元

绪论
Foreword

在孩子的成长过程中，家长和老师最关心的问题就是孩子的学习成绩。有些孩子脑子并不笨，但在某些方面的学习上存在不同程度的障碍，例如学习注意力集中的时间短暂，写作业拖拉，粗心大意，书写困难，阅读困难，计算粗心，情绪不稳定，等等，而靠传统的教育方法往往不奏效。这些孩子是多动症吗？他们智力低下吗？他们是眼睛、耳朵有什么问题吗？该怎样帮助这些孩子呢？心理学家研究发现，这样的孩子并不是多动症，也不是智力或生理方面有问题，而是他们的感觉－动作系统出现了问题，由于训练不足而出现了失调的症状。这种症状被称为“感觉统合失调”。

一、儿童感觉统合失调

许多家长和老师曾因为孩子的注意力不集中、学习成绩差、做作业拖拉、多动、紧张、胆小、退缩、爱哭、不合群、吃饭挑食或暴饮暴食等问题而头疼。过去，有家长将这些问题诊断为多动症，给孩子吃药、打针等，但收效甚微，甚至还可能造成某些后遗症；还有的家长认为孩子是故意不听话，于是对孩子又打又骂，对孩子造成了身心的创伤。1970 年，美国心理学家艾尔斯（A. Jean Ayres）首先发现了在 3 ~ 13 岁儿童中，有 10% ~ 30% 的儿童出现上述症候群。这些并不是教育问题，而是儿童大脑功能发育不协调所致，需要对儿童进行心理训练来加以矫正。经过大量临床心理研究，科学家们发现，相当数量的儿童出现上述问题是由于大脑对身体感觉统合存在障碍，在医学和心理学上称为感觉统合失调或学习能力障碍。人体的各部分器官都是通过与外界接触向大脑传递感觉信息，这些信息经过大脑的有效组合指挥人完成各项活动。当这一系统由于发育或其他原因不能正常运转时，就会出现上述行为问题。

二、儿童出现感觉统合失调的表现

（一）前庭平衡功能失常

好动不安、注意力不集中、上课不专心、爱做小动作。前庭平衡功能失常的孩子比一般孩子更容易给家长添麻烦，他们很难与其他人同乐，也很难与别人分享玩具和食物，往往不会考虑别人的需要。有些孩子还可能出现语言发展迟缓、说话晚、语言表达困难等问题。

（二）视觉感不良

尽管能长时间地看动画片、玩电动玩具，却无法流利地阅读，阅读时经常多字少字；写字时偏旁部首经常颠倒，甚至不认识字，学过就忘；不会做计算题，常抄错题，等等。

（三）听觉感不良

对别人的话置若罔闻，经常丢三落四，经常忘记老师说的话和留的作业等。

（四）动作协调不良

平衡能力差，容易摔倒，不能像其他孩子那样翻滚、系鞋带、骑车、跳绳和拍球等。

（五）本体感失调

缺乏自信，消极退缩，语言表达能力差，手脚笨拙等。

（六）触觉过分敏感

紧张、孤僻、不合群，爱招惹别人，偏食或暴饮暴食，脾气暴躁，害怕陌生环境，吃手、咬指甲，爱哭、爱玩弄生殖器等。

这些问题无疑会造成儿童学习和交往的障碍，因为这样的儿童尽管有正常或超常的智商，大脑却无法正常有效地工作，因此将会直接影响他们学习和运动的正常完成。

三、感觉统合失调的原因及后果

人是通过六感（视、听、嗅、味、触、重力感）来感受外界事物的，并通过感官将信息传递给大脑，大脑在经过整合之后再指挥四肢行动，这种能力被称为感觉统合能力。它决定了孩子学习时的注意力集中程度、反应速度、动作速度、反应灵敏性、情绪稳定性、手眼耳协调性等。孩子在母体中开始形成这种能力，并在后天的不断训练中进一步完善。但是，有些孩子由于先兆流产、胎位不正、早产、剖宫产、难产、摇抱少、爬行不足、活动受限、运动协调性差等原因，造成自身感觉统合能力发展不足，表现为好动不安、注意力不集中；写字笔画和部首颠倒，阅读困难，计算粗心；做事或写作业磨蹭；动作不协调，手脚笨拙；胆小害羞，社交能力差，容易受挫折，缺乏自信；脾气急躁，黏人爱哭闹；偏食，饮食习惯不良；怕人碰触，攻击性强，喜欢招惹别人，等等。

这些问题在有些孩子的幼年期间不会表现出来，但是到了学龄期间，就会在学习能力和性格上表现出这样或那样的障碍。与其他正常孩子相比，他们玩什么东西一学就会，也能做到注意力集中。可是，他们在学习能力、人际交往能力和心理素质方面就显得十分吃力。这让家长和老师非常操心。据调查，普通人群中约有 10% ~ 30% 的儿童存在不同程度的感觉统合失调问题，家长和老师应及早发现孩子的这些行为问题并及时对其进行心理训练，否则，会影响孩子的智力发育和学习能力发展，造成孩子学习基础差、心理发育迟缓和人际关系出现问题，进而出现厌学、逃学、撒谎等行为问题。

四、儿童感觉统合训练及效果

儿童感觉统合训练首先要由心理专家测查和诊断孩子的感觉统合失调程度和智力发展水平，然后有针对性地制定训练课程，通过一些特殊研制的器具，以游戏的形式让孩子参与其中。

感觉统合能力的训练，就是针对这些问题而进行的大脑功能训练，运用一些专门的器械，要求孩子注意力非常集中地完成协调性的动作，例如，平衡能力的训练，包括平衡木、平衡台、蹦床、旋转圈筒、独脚椅等项目，来训练大脑前庭平衡功能，提高孩子的注意力。通过跳绳、小滑板、大滑梯、阳光隧道、彩虹筒等项目，训练孩子的本体感，提高孩子的动作反应速度。通过羊角球、袋鼠跳、大笼球、爬袋等项目，训练孩子的触觉，稳定孩子的情绪，增强孩子的勇气和自信心。通过拍球、趴地推球、抛接球、网缆插棍等项目，来训练孩子的手眼协调性，解决粗心大意的问题。感觉统合训练还可以矫治儿童多动症、抽动症、自闭症、智力发育迟缓、语言发育障碍、尿床、运动协调障碍等特殊问题。

一般经过 1 ~ 3 个月的训练，就可以取得明显的效果，孩子的学习成绩、逻辑推理能力、理解能力、记忆能力、动作协调能力、人际关系、饮食和睡眠、情绪等方面都会有令人满意的改善和提高。在这个过程中，儿童的智力水平也可以得到不同程度的提高。美国、日本等地从 20 世纪 70 年代起开展儿童感觉统合训练，现在每个小学都设有感觉统合训练室，并且多年的教育实践取得了很好的效果。目前，国内已研究开发了感觉统合训练的理论和技术，该理论和技术在教育实践运用中也取得了明显的疗效。临床实践表明，参加训练的儿童都有不同程度的改善，其中 85% 的受训儿童训练效果都非常显著。

五、儿童感觉统合训练的课程安排

儿童感觉统合训练一个周期是 20 次，一次约 1 小时，训练内容包括感觉统合训练和特殊脑力训练两部分。心理医生根据每个孩子的失调程度安排不同的训练课程和时间。训练 20 次后免费测验，鉴定效果。训练时间是课后和节假日，一周应不少于两次，重度失调的儿童训练次数应更多一些。

感觉统合训练可以从孩子一出生就开始进行，这样既可以预防障碍，也可以开发孩子的大脑潜能，提高智力水平和学习能力。

本书曾在 20 多年前出版过，成为很多创业者的启蒙指导用书，如今早已脱销，许多人甚至还在高价购买影印版。同时感谢协助搜集资料、编写部分内容的我的同事叶蓉女士。

目录
Contents

第 1 章
Chapter 1

儿童感觉统合能力障碍的由来

小明是个 4 岁的小男孩，上幼儿园中班。小明在家里还是比较乖的，让他学什么东西都能学得会，跟大人沟通也很顺畅。但是上了幼儿园之后，问题就出来了：他不和其他小朋友一起玩，总跟着老师；上课时不能认真听讲，眼睛根本不看老师；在座位上做各种小动作；做操不听指令，也不模仿老师的动作，到处乱跑；只做自己感兴趣的事情。小明的爸爸妈妈为此感到很困惑：孩子是不是得了多动症或者孤独症？为什么自己家的孩子比别的孩子差？为什么教育他这么费劲？他们咨询了儿童心理专家后才知道，小明是存在感觉统合失调的问题。

人类的学习最重要的并非知识，而是学习能力。知识只是工具，吸收、消化、使用知识才是学习能力。学习能力是身体感官、神经组织及大脑间的互动，身体的视、听、嗅、味、触及平衡感官（内耳），通过中枢神经、分支及末端神经组织，将信息传入大脑各功能区，称为感觉学习。大脑将这些新信息整合，做出反应，再通过神经组织指挥身体感官的动作，称为运动学习。感觉学习和运动学习不断地互相作用便形成了感觉统合。感觉统合不足，会形成脑功能的反应不全，在知识学习过程中就会出现困难和障碍。

近年来，人们的物质生活条件逐渐改善，孩子的行为问题却越来越多，其中很多问题都是由感觉统合能力障碍造成的。本章将详细介绍感觉统合的发展原理及感觉统合失调的成因，帮助家长进一步地理解孩子，陪伴孩子健康成长。

第1节

什么是感觉统合

感觉统合（Sensory integration）理论首先是美国加利福尼亚大学临床心理学家艾尔斯（A. Jean Ayres）根据神经生理学理论于1972年系统地提出来的。

环境中存在着各种各样的刺激，人的大脑通过感觉系统（包括视、听、嗅、味、触等）搜集周围环境中的这些信息，将信息整合起来，形成知觉，以便大脑能够及时、有效地对刺激做出适当的反应。这一过程我们称之为感觉统合。

艾尔斯认为儿童之所以表现出感觉统合失调的症状，与其说是大脑皮质（上位脑）存在障碍，不如说是脑干（间脑、中脑、脑干、延髓）脊髓系（下位脑）基本功能的统合障碍。只有经过感觉统合，人的神经系统的不同部分才能协调，才能有目的地去完成各种行为，即形成人类的行为和能力。如果其发育停留在胎儿期、新生儿期或婴幼儿期的脑神经组织和功能状态，人类就会出现行为能力方面的障碍。大脑神经基本水平的统合（发育）有障碍，就会带来身体运动、感觉运动的不成熟，认知语言的不成熟，社会性的不成熟等问题。心理学上，我们将这种现象称为“心理发育迟滞”，就是指上述行为能力未达到其实际年龄所应具有的水平。所以，我们平时看到的感觉统合失调的孩子，其行为表现或多或少显得幼稚。他们往往比同龄孩子需要更多的照顾，自控力较差，依赖性较强或者行为冲动，缺乏自我保护意识。因此，这类孩子也给父母和老师增添了许多麻烦。

作为人类行为、动作发育的基本感觉系统（如触觉系、前庭感觉系及本体感觉系）对于人类的认知发展起着重要作用，其发育过程是：感觉－知觉－认知功能。

在日常生活中，人类的所有动作和行为都与大脑神经系统感觉统合功能有关。例如：爬、站、走、跑、吃饭、穿衣等室内外所有的生活行为；视觉、听觉、触觉、嗅觉、味觉、身体肌肉感觉、平衡感觉以及身体的其他感觉；语言理解表达能力的获得，绘画、写字、写作文、读书、发言等，完成这些动作和行为都是大脑神经系统感觉统合的结果。人类一些简单的动作和行为往往是在无意识中进行的，比如走路，人们不需要每次都经过大脑的周密思考后才去完成这样的动作，只需要在产生行为意向后由大脑在不知不觉中自动完成。因为走路的行为程序已经在大脑中贮存了，一旦启动程序只需要耗费较少的脑力资源，所以，大多数人在进行走路这样简单行为的同时，还可以进行其他行为，如边走路边交谈。但是当人们要完成一些复杂、高难度的动作和行为时，就需要有意识地调节和控制。也就是说，人们对来自外界环境以及自身内部的各种感觉刺激和信息要进行选择、整理，才能有序地工作。这些都是要通过大脑神经系统来完成的。一旦感觉统合发生问题，就会出现种种障碍，如动作不协调，不能完成复杂的动作和行为，不能正常地进行日常生活、学习和游戏。因此，矫治儿童的感觉统合失调问题对儿童心智成长和心理健康都是极为重要的。

科学家在一系列有关儿童自身运动经验对早期认知发展影响的研究中发现，婴儿爬行动作的获得改变了其与物理环境、社会环境的互动模式，促使婴儿对外界环境变化保持敏感，促使其活动与目的的分化与协调，增强了其对无效行为的抑制以及认知操作的序列化，因而促进了儿童深度恐惧、延迟搜寻、客体永久性概念、迂回行为、空间定向、共同注意等方面的发展。

这里，有几个问题需要重点说明：

一、大脑是如何工作的

大脑犹如一台中央处理器。来自环境中的各种刺激纷乱复杂，各种危险时常存在。那么，大脑是如何工作的呢？又是如何使得人的行为能够适应周围的环境并且能在一定程度上改造环境呢？由于人类大脑的极端复杂性，科学家对于人类大脑的研究还处于初级阶段，但是一些最新的研究成果向人们揭示了其中的秘密。新的实验结果表明：大脑的工作不是被动地反映从感觉器官中传入的信息，而是要经过一个过滤、摘要、整合的主动加工过程，即人脑主动抑制或忽略无关或次要的信息，而将重要信息经过整合后，指挥身体的各部分器官协调运动，完成对环境的适宜反应。

大脑复杂的工作过程如下图所示：

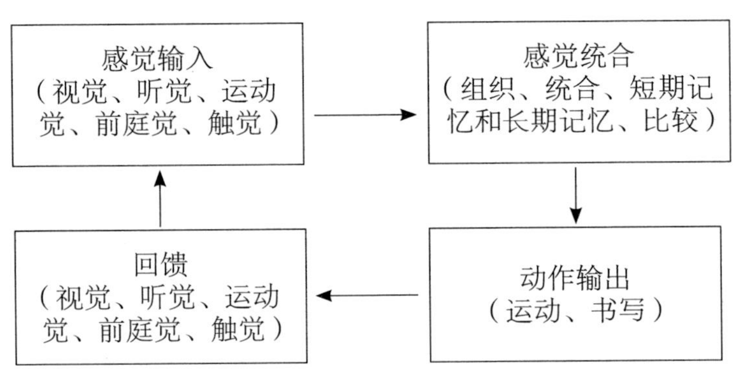

图 1–1

（一）感觉输入

感觉输入是指从环境本身和个体接收的能量形式，并将所接收的信息在中枢神经系统加以处理，统合起来。视觉、听觉、运动觉、平衡觉和触觉等在人们的行为能力表现上扮演着非常重要的角色。这些感觉系统具有获得信息的功能，并通过感觉神经传递至中枢神经系统。

输入是信息激发了感官而产生神经冲动，输入神经中枢。这种现象有如电脑搜集信息。

（二）感觉统合

感觉统合指将接收到的感觉刺激在中枢神经系统加以组织、比较和贮存，即将目前和过去的感觉信息加以统合，使个体能有效地选择并组织适当的动作。

统合是个体将接收到的各种各样的信息，如耳闻、目睹、鼻嗅、体触等获得的信息，都输入中枢神经系统，加以组织整理而成为一个完形（指对事物整体的认知），这就是接收刺激的心理历程。在这个历程中除了要组合各类现有的信息，使之成为有意义的一个整体外，往往还要以过去所保存的旧的经验为基础，将过去的记忆和眼前的刺激结合起来，以便对现有的刺激产生更明显的认知。个体的感官如果存在缺陷，比如失明、失聪或某种形式的感觉缺失，都有碍感觉统合的正常发展。

（三）动作输出

动作输出指受中枢神经系统的支配所表现的动作。当输出发生时，信息持续地回馈进大脑，回馈本身具有使感觉信息得以持续处理的功能。当感觉输入时，在动作上的回馈通常包括运动觉、触觉、视觉或听觉。回馈期间，会评估反应的频率和反应的性质，若评估错误，必须加以调整；若评估正确，则不需要调整。

输出也是一种神经冲动，是个体在认知过程中由刺激－感受－统合后作用于运动器官的动作反应。个体的运动功能如果有了缺陷，也将造成语言障碍、动作障碍等后果。

（四）回馈

回馈指个体的输出必然要表现在各种粗略或精细的动作上的反应。它具有核对功能，可以成为另一个输入的来源，使感知觉构成一个连续的过程，促使感知觉能力越来越精密，越来越准确。

这一过程说明中枢神经系统的功能在感觉统合中具有重要作用，然而它必定要依赖感官与动作的配合，所以在认知过程中，动作与感觉是不可或缺的因素。

综上所述，我们从外界环境中接受的各种信息传入大脑，通过感觉统合，不同部分的神经系统才能形成工作整体，以供充分运用。运用的范围包括身体内外知觉、顺应性反应、学习过程以及神经机能的发展。

一些聪明的孩子，虽有父母充分的关心和良好的成长环境，但功课总是落后，行为让人操心。这种现象多数是由孩子脑中对各种感觉的统合不良引起的。这类问题不容易被看出来，但在儿童中普遍存在。尽管学校老师和父母发现儿童有异常行为，但儿科医师、家庭医生甚至精神科医生对感觉统合能力障碍往往一无所知，所以无法了解孩子为什么会这样。也就是说，没有受过专门训练的人员不易注意到孩子的感觉统合是否正常。

当个体想要运动、学习、游戏、表达时，脑部必须把这些感觉全部组织好。脑部要寻找出感觉的位置和种类并下达命令。当众多感觉统合得当，脑部可以利用这些感觉形成认知、活动及学习。如果感觉统合失调，人的行动就将如上下班时拥挤的交通一样又慢又乱。

人类的遗传基因中就有感觉统合的基本能力。每个人生下来即有这种能力，但它需要让幼儿在早期与周围世界的许多事物接触互动，并让身体和脑部顺应外界物理环境的挑战，从中获得感觉统合最高度的发展。

7 岁以前，人脑主要是一部感觉处理的机器，对事物的感受主要来自感觉印象。孩子对事物的属性和特征还没有较高层次的概念。他所依赖的是感觉，通过与周围环境的碰触，亲身体验各种感觉信息，通过移动身、手来增加碰触感。顺应性的反应多是肌肉及运动型，而不是心智型，因此叫作感觉运动发展年龄。随着年龄的增长，有了感觉运动的良好组合，心智和社会反应才取代经由活动、谈话和游玩中所发生的感觉统合，为读书、写字及良好行为所需的更复杂的感觉统合奠定基础。因此 7 岁以前感觉运动组合比较好的孩子，长大之后更加容易学习获得心智和社会方面的技巧。

脑部感觉统合良好，孩子会反应出胜任、启发和满足感。从某种角度说，“开心”“开窍”是指孩子的感觉统合良好。感觉统合良好时，会有很大的满足感；高度成熟或更复杂的顺应反应会带来更大的满足，这些是成长的现象。

人类生来就要享受各种外界刺激。“享受”会促进脑的发育，因此人们自然的感觉寻求有助于大脑统合各种感觉。比如：小孩喜欢被高高举起、在摇篮中被摇动、被紧紧拥抱，喜欢跑跑跳跳、在海边沙滩或球场上玩耍，这些都是孩子的感觉寻求。他们热爱运动，运动的感觉会让大脑更加成熟和充实。

由此可见，儿童大脑的健康发育是儿童行为能力发展的基础。家长要注意让孩子养成科学用脑、劳逸结合的用脑习惯，注意为孩子提供丰富且适宜的环境刺激，以满足孩子大脑正常发育的需要。有的家长认为孩子的行为能力是天生的，认为“当前出现的问题，孩子长大自然就会好”，这种想法是缺乏科学依据的。

二、婴幼儿的感觉系统发育尚未成熟

在母亲的子宫内，随着胎位变动，触觉、前庭平衡、固有平衡等能力就逐渐在发展。出生以后，尤其是处于婴幼儿和儿童阶段时，大脑的神经系统还没有发育成熟，各神经元与外界的联系尚在建立过程中。许多人类特有的高级神经系统功能（如语言）的建立，需要在与适宜的环境接触过程中逐步获得。因此，如果儿童的早期生活中缺乏足够的感觉刺激，将直接影响感觉系统的功能。人类行为能力的发展需要经历漫长而艰难的过程，从最初只具有几种条件反射的新生儿，发展成为一个具有完善行为能力的社会人，其能力水平已经发生了质的变化，而这种变化是由最初的简单行为发展起来的。这一发展的过程是大脑神经元的突触之间的联结不断强化的过程，即大脑神经系统通过感受器将从外界环境中获得的信息不断地进行登记（记忆）和整合（统合），形成知觉，为更高一级的思维如抽象、想象、创造性思维等打下基础。

三、周围环境的刺激对人的发展起着重要作用

人的中枢神经系统是由大约1000亿个神经细胞和大约9000亿个神经胶质细胞组成的。胎儿的神经细胞从第3个月开始迅速增长，每分钟超过25万个。人类新生儿是在脑发育未成熟的状态下出生的。也就是说，新生儿的大脑还不能正常地发挥功能。因此，出生后大脑的功能还要继续生长发育，继续完善。到1岁时，脑的重量已达到成人的1/2。0～3岁是人的一生中大脑发育最快的时期。神经系统的发育既有阶段性又有连续性，既有可变性又有代偿性。所谓连续性是指神经系统的发育是一个连续不断的过程。阶段性是指神经系统在某一阶段有其敏感期（或叫关键期）。在这个阶段应该塑造的功能就应该抓住关键期尽力完成，错过了就可能终生难以弥补。所谓可变性和代偿性是指脑组织在受损坏后，在关键期内其他脑细胞可以代替它的功能。近年来的科学研究结果显示，婴幼儿脑组织的发育离不开一个丰富多彩的环境，同时还需要给予婴幼儿各种刺激及教育。大脑若缺乏早期生活经验的熏陶和教育，则会受到永久性的损害，不可能恢复。所以在关键期内越早对孩子进行教育，孩子的大脑就越聪明、越灵活。例如：4～6个月是吞咽咀嚼关键期；8～9个月是

分辨大小、多少的关键期；7 ～ 10 个月是学习爬行的关键期；10 ～ 12 个月是站、走的关键期；2 ～ 3 岁是口头语言发育的关键期，也是计数发展的关键期；两岁半是立规矩的关键期；3 岁是培养性格的关键期；4 岁以前是形象视觉发展的关键期；4 ～ 5 岁是开始学习书面语言的关键期；5 岁是掌握数学概念的关键期，也是儿童口头语言发展的第二个关键期；5 ～ 6 岁是掌握语言词汇能力的关键期。不同人的关键期并不完全一致，存在着一定的个体差异，并且大脑的发展过程也存在着不平衡性。我们应该在早期教育中抓住关键期，为孩子提供一个丰富多彩的环境，给予孩子符合大脑发育特点的各种刺激及教育机会，让孩子的各种能力，包括视觉、听觉、触觉、味觉、嗅觉等感觉、知觉及语言能力都在相应的阶段得到及时的发展。另外我们还要让孩子多参加活动，比如听音乐会，欣赏画展，看歌舞，看体育技能比赛，到大自然中观察动植物以及千姿百态的各种现象。通过他们的感知觉器官，将听到、见到、感知到的大量信息抢先注入大脑，使得大脑成为储存信息的大仓库、汇聚知识河流的大海洋。学龄前的孩子应该有一个欢乐的童年。家长应该让孩子们在玩的过程中观察世界，体验生活，促进想象力、思维力的发展，启发孩子的创新思维。作为孩子的父母，必须采取科学的措施，运用生动活泼的引导方法，因势利导、循序渐进地激发孩子学习的兴趣。父母要为孩子营造良好的学习环境，尽力做到在玩中教，在玩中学，让孩子在玩耍中不知不觉地学到知识。

第2节

感觉统合失调的常见行为表现

一、感觉统合失调的常见行为表现

（一）好动不安

好动不安不一定都是感觉统合失调造成的，周围的环境问题或大人的误导也可能引发这种问题，但当所有可能因素一一被排除后仍找不出原因时，感觉统合失调则有可能是孩子好动不安的最主要原因。

（二）行动笨拙

运动能力发展不良的幼儿，动作大多不灵活。这些孩子在学习折纸和使用剪刀方面特别困难，跳高和跳绳也较差，不敢玩秋千、走平衡台。

（三）语言发展迟缓

语言的发展包括发音技巧、词汇的认知及语言相关逻辑的使用习惯等，属于感知觉综合运用的层次。发音牵涉到听觉的辨识能力，唇、舌、声带的使用技巧，词汇的认知更是必须依靠视、听、嗅、味、触觉的综合运用。感觉统合不良往往会影响语言能力的发展。

（四）讨厌被触摸

平常的身体接触都受不了的幼儿，人际关系的发展将严重受阻。其他的身体接触，如洗头、洗澡、抓痒、剪指甲或换衣服都会反抗，这种情形通常会引发注意力不集中、耐心不足等现象。触觉过于敏感或过于迟钝都有可能造成感觉统合失常，所以，孩子出现笨手笨脚、懒惰、行为涣散等现象都需小心观察。特别是出现缺乏痛觉和味觉等不正常（极端偏食或咬手指头）情况时，则有必要做专门的系统分析。

（五）极端或异常胆小

孩子由于缺乏经验而害怕是很正常的，对某种虫类或动物特别害怕，也许只是幼年经验不足或情绪发泄而引发的，也不用特别担心。但当有些行为同龄孩子很容易做到，而你的孩子却极害怕尝试，就要加以观察了。例如讨厌摇晃、不敢爬高、无法顺利下楼梯、不敢去游乐园玩、怕坐旋转木马，甚至连秋千都不敢荡，等等。如果还有重心不稳、情绪特别不安、身体不灵活的现象，就明显地表现出感觉统合不良的症状了。

（六）反应迟钝

有的孩子身体还算灵活，但对高度的恐惧迟钝，转圈跑根本不晕不累，对痛也不敏感，甚至有自虐现象（如揪自己的头发或眉毛、用头撞墙等），可能也是脑神经中枢感觉统合不良的结果。反应太强烈或反应迟钝经常是一体的两面，对某件事情反应太强烈的孩子，也可能在其他方面的反应又太迟钝。

（七）学习能力障碍

孩子学习跟不上虽令人头痛，但有些父母认为幼儿本来就不应该有太大的学习压力，因而忽视了孩子的异常现象。认字有困难，可能是阅读功能的视觉不成熟所致；无法写字，有可能是大小肌肉发展不良或手眼协调不良的结果：眼球运转困难，会造成注意力分散及耐心不足。

即使是智力超常的孩子也一样会有情绪暴躁、缺乏团队精神、人际关系不好、偏食、反应迟钝、身体功能运作失常等问题。这些问题一般都属于感觉统合不良所产生的学习能力障碍。

二、感觉统合失调的障碍所在

根据艾尔斯的观点，感觉统合失调主要表现为身体运动协调障碍，结构和空间知觉障碍，身体平衡功能障碍，视、听觉和语言障碍，触觉防御障碍五个方面。

身体运动协调是源于身体的本体感受器所产生的冲动。因为身体运动感觉统合是所有运动的基础，身体运动感觉统合与视觉和听觉有关。

运动感觉统合指的是，首先通过感觉输入提供给中枢神经系统，然后由中枢神经系统来处理与感觉统合动作有关的信息。运动感觉统合异常者由于缺乏参与动作经验的机会，以致动作显得迟缓笨拙。基本上，运动感觉统合包括身体感觉统合、两侧协调和方向感、触觉感觉统合。

（一）身体感觉统合

身体感觉统合是一个综合性名词，这个名词包括身体基模、身体形象、身体概念或身体理解等。

身体基模是最基本的因素，它是一种感觉动作的要素，因为它借着身体本身的活动提供信息。因此，身体基模是指身体的能力和限制的知觉，包括在体育中所产生的适当的肌肉伸展，以及自己身体的空间位置的知觉。最初，身体基模可以协助个体了解身体的各部位和外在的空间。之后，身体基模逐渐发展到较高水准的动作发展与控制的境地。

身体形象是从个体对身体的感觉而言。身体形象会受到生物、智力、心理和社会经验等方面影响。身体形象包括外在身体部位及如何运作的感觉。例如，个体了解自己有两只手、两只脚和身体两侧，有时手脚会一起运作，有时各自独立运作。至于智力、社会、心理等因素，会将快、慢、丑、美、弱、强、男和女等方面的知觉纳入个人本身的感觉统合。

身体的空间形成于个人的身体形象，是依赖触觉、本体感和视觉等这些基本的感觉空间机制而形成的。前庭信息引导身体形象至环境的空间，经由大脑顶叶统合这些感觉，使人能够认知空间的属性和身体的左右两侧，使人能够把握自己与周围环境的关系和位置。

身体概念或身体理解是个体对自己身体的理解，主要包括能说出身体的各部位、了解身体在空间的状态和位置，并移动身体的某一部位。身体概念建立在身体基模和身体形象的基础上，身体基模和身体形象的好坏会影响身体概念的发展。

人之所以能在空间维持适当的姿势，主要依赖视觉刺激。本体感源自眼肌作用，刺激从迷路传来，内耳石即对地心引力或重力导向产生反应，经由半规管产生运动或动作。从关节至颈部肌肉部分的本体感，主要是将迷路冲动与头部姿势相联结起来；而从下肢至身体躯干部分的本体感，主要是处理有关坐姿、站立、走路等方面的身体姿势。因此，身体动作的准确度和熟练程度，取决于人本体感的发展水平。

（二）两侧感和方向感

两侧感是指身体左右两侧的感觉统合，与身体和运动觉有密切关系。凯哈特（Kephart）指出，人两侧感的发展有赖于实际体验身体的两侧、观察并比较身体两侧的差异，同时描述身体每侧不同的性质，个体才可以区分身体的两侧。因为平衡感必须调整身体的姿势，使身体保持重心平衡，避免歪斜不正。因此，平衡感是两侧感最主要的形式，会促使个体区别身体的部位。这种姿势的调整或肌肉的伸展，可以协助个体发展左、右的感觉统合，即两侧感的感觉统合。由于两侧感受运动的影响，因此，两侧感也是运动感觉统合的要素。

两侧感是方向感的基础，进而发展成为方向感，而方向感是将两侧感表现在空间内。方向感异常通常会影响学生书写、拼音、阅读和其他学习表现，例如，难以辨认 24 和 42、“我”和“找”、“人”和“入”等字符。这时，我们可以通过各种动作活动，来协助孩子发展健全的两侧感和方向感。

（三）触觉感觉统合

触觉感觉统合是指来自身体皮肤表面的感觉能力。它是外在的，以触摸、感觉和操作来反应。个体通过触觉系统体验各种不同的感觉，促使人能更加了解周围环境。例如，触觉感觉统合能够使个体区分潮湿和干燥、热和冷、软和硬、平滑和粗糙等特质与属性。

适于触觉感觉统合训练的运动有穿笼爬行、走平衡木、在跳床上跳跃、爬楼梯、摔跤、翻筋斗或打滚等，也可让学生在地板上、草地或细麻布上，沙滩、平衡木、球池中赤脚行走，或者爬绳、爬粗绳网等。这些活动均可促进学生的触觉感觉统合。

研究发现，大脑对前庭输入的信息会有过度反应或过低反应现象。过低反应（对前庭信息反应迟钝）的儿童，会减少正向旋转性眼球震颤的现象，他们难以用视觉追踪移动的物体，动作显得迟缓，不能把外界的指令有效、迅速地传入大脑，同时容易摔跟头，不善于保持平衡。而过度反应前庭信息（对前庭信息反应过于敏感）的儿童，会增加后向旋转性眼球震颤的现象，他们对周围空间过于敏感，会时时担心跌倒，并且怕高，惧怕瞬间移动或运动，甚至会因此感觉头晕、恶心。

基本上，如果因为前庭系统发展不足而导致了空间感觉统合的混淆或扭曲，那么表示在一定程度上原始的颈部 - 右侧反应僵直。颈部 - 右侧反应会驱使身体强直型旋转运动，并产生感觉向心力的现象，就是过于偏重身体的周围，最终造成身体感觉混淆的症状。同时，也会产生身体外围向外伸长的感觉，或者担心身体部位从身体的原有部位离开的现象。另外，由于身体形象的混淆，致使身体缺乏稳定性。研究发现，存在学习障碍的学生中，有 50% 曾有耳朵感染疾病的经历，有 40% 会产生头晕、恶心的症状，同时，有 35% 有眩晕的症状。

眼睛运动不良、身体协调不良、平衡能力异常和空间导向混淆等现象，通常是前庭系统功能失调的症状。除了小脑、网状构造和顶骨皮质等器官组织的控制影响外，也反射本体感和视觉的功能。其中，眼球震颤和眼睛不随意振动是前庭系统功能失调最常见的症状。

脑部的感觉统合不良会影响生活中的许多事，常常会出现做事事倍功半的情况，也较少获得满足感。所有儿童中，大约有 5% ～ 10%，其感觉统合能力有一定的缺陷，这些缺陷会导致学习障碍或其他行为问题。这些儿童在刚刚接触时，看上去似乎很正常，智力测验的结果也显示他们拥有正常或很高的智商，却有着学习障碍和情绪适应不良等问题。

感觉统合的表现，并不是完全正常或不正常，大概也没有十全十美的统合。一部分人要是经常感到愉快、有成就感、易相处，就是有较好的感觉统合，大部分人都是中等程度的统合，少数人的感觉统合就不理想。

感觉统合出问题，不像内外科的感染或发炎，病因容易被诊断出来。我们只能从孩子平常的行为表现和感觉统合量表的诊断来判断大脑的功能是否正常。只有受过训练的专业人员，才能敏锐地观察出孩子的感觉统合失调与否，以及在行为上微妙的区别。也只有专业人员才能正确地回答父母的疑问。

早期症状显示，感觉统合失调的婴儿与同龄的儿童相比，不会滚、爬就要坐或站起来。稍大一些时，学不会系鞋带或骑脚踏车。少数儿童的发育水平也许和正常标准差不多，但是，等孩子稍大一些才发现走动费力或不协调，跑步时常常出现笨拙、磨蹭或被绊倒的情况。不过，并不是所有的笨拙都是由感觉统合失常引起的，也有一部分是因运动神经或局部肌肉无力造成的。感觉统合不良是儿童脑内的问题，是由于运动神经和肌肉无法协调得当，而四肢的神经和肌肉发育都很正常。

感觉统合失调的学龄前儿童在玩耍时，动作上不如其他孩子灵巧。这是由于他们通过眼睛、耳朵、四肢和身体躯干等感觉器官获得的信息没有组合统一的缘故。孩子会看、会听，也有种种躯体上的感觉，但对外界缺乏有效的顺应性反应。他们的大脑无法排除无关信息的干扰，搜索出周围环境中的重要信息，使之整合并做出适当的反应。他们不跟别的小朋友争抢一些受人欢迎的玩物，或者只玩一些简单操作的玩具，因为复杂的操作对他们来说太难了；他们还经常弄坏东西，出现意外的概率比别的孩子要多，因为他们往往不能及时察觉环境中的危险因素，并及时地躲避危险。上述这些问题，主要是由大脑功能问题所引起的。

在语言能力发展上，常有发育延缓的现象。这些孩子的听力检查虽然没有问题，但是不能集中注意力专心听别人的话。老师或家长讲的话进入他们的耳朵，却在大脑中消失殆尽。他们并不能对这些话做出应有的行为反应，让人觉得好像他们什么也没有听见。而对于想要说的话，他们却又不知怎样用语言表达清楚。

由于没有眼睛和手等方面明确的感觉信息，这些孩子很难在线条内准确着色。他们不会拼图、使用剪刀，无法进行一些手工制作和精细动作。他们做得比别人糟糕，这使他们感到受挫折和不安。因此，这些孩子在做手工劳动和益智游戏时都感到不愉快，对这类活动不感兴趣、退缩、不想做。

有些孩子无法统合皮肤的感觉，如有人触摸他们的皮肤或靠得太近，会引起他们的不安和烦躁。许多孩子常常感到烦躁不安，有时连声音和光都会让他们烦躁，并分散其注意力。

三、感觉统合失调的孩子常出现的学习问题

传统的教育是教儿童读、写和算等基本知识，但实际上

这些也是很复杂的，需要经过大脑有条不紊地运行一系列的有效程序，即只有在良好的感觉统合能力基础上，才能做得很好。在幼儿期，感觉统合失调或许是件小事，但在上学后，如果在学习和情绪上有很大困扰，就是大事了。

父母和老师对学龄儿童比对学前儿童的期待更多。学龄儿童不仅要会读书，会学习许多新能力，更需要学着跟老师和同学相处。而感觉统合失调的孩子，在交朋友和保持友谊方面却存在困难，因此这些孩子必须加倍努力用功，才能表现得跟其他同学一样好，这为他们增加了许多压力，因此常常感到无助和心烦，情绪和性格就容易出现问题。如果不及早加以解决，他们成年以后更容易出现心理问题。

在学校生活中，像系鞋带、握好铅笔、保持笔头不断，打扫卫生或走路看标志等小事情，对感觉统合失调的孩子来说都是难事。在运动场上，这些孩子无法和手脚灵活的孩子竞争。这些孩子如果单独接受老师的个别教学，或许还能专心些，但在班级教学中，要他们专心注意老师和黑板，确实是件难事。他们常常连一项口令都还没有弄清楚，同时却要做好如“把书本收起来，拿出铅笔来”之类连续但不同的两件事，结果往往会不知所措。

在教室中，他们很容易因外界的声音和光以及临座同学的举动而分散注意力，这些孩子的大脑全盘接受周围环境的各种刺激，容易产生许多不必要的反应。患多动症的孩子在班上到处蹦跳不停，并不是他自己喜欢这样做，而是他的大脑无法自我约束。这些过量的活动是由众多感觉所产生的强迫反应，孩子自己无法忽视这些感觉，或者说无法将其统合好，大脑中的分心和困惑也使得他们无法集中注意力，不了解老师在教什么。在排队时，如有人碰到他，他不是生气就是动手打人。这种生气和还手并非针对某个人，而是难以忍受感觉（触觉敏感）的直接反应。

因为问题发生在大脑中，是下意识中产生的行为，所以，他们无法控制自己的行为。要求他们自我约束或更用心注意，根本不起作用。奖赏或惩罚，并不会让他们脑部的感觉统合得以改善。要这些孩子做大脑没能力做好的事，往往只会把事情变得更糟糕。

长此以往，孩子会发现自己和别人不一样，并且在某些方面总是比不上别人。父母如没有给他们适当的情感支持，这些孩子就很容易丧失自信心。如果只是告诉他“你并不笨”或“你并不坏”之类的安慰话，也无法让大脑做得更好。只有促进孩子的感觉统合能力及训练性反应才能改善情况，并建立自信心。

每个感觉统合失调的儿童都有不同的症状组合，而正常的儿童偶尔也会表现出一些轻微的问题。当儿童有许多这类问题而长期干扰学习时，父母就需要密切地关心孩子，让孩子接受测验和必要的治疗。在父母的了解和支持下，加上感觉统合的特别治疗，这些儿童才会有较正常的生活，享受社会交往，并为社会做出贡献。

第 3 节

感觉统合的发展

感觉统合功能以自然的、有规律的进程发展。虽然有些孩子感觉统合功能发展得快，有些孩子感觉统合功能发展得慢，但是他们所经历的程序是相同的。孩子若与正常的感觉统合发展进程偏离甚远，日后在其他方面就会有麻烦。

一、感觉统合发展的基本原则

我们从每个孩子的发展过程中总结发现了一些基本原则，最基本的就是组织能力。生命的最初几年中，大部分活动只是一个过程的一部分，这个过程就是神经系统内感觉的组织过程。

新生儿会看、会听，也有其他感觉，但他没有能力把这些感觉统合得很好，大部分感觉对他都没什么意义。当孩子经历各种感觉后，才逐渐学习把各种感觉在大脑中组织起来，同时学习把注意力集中在某些特殊的感觉上，从而忽略掉其他感觉。婴儿时期动作笨拙，大一点儿时会逐渐灵活和准确，越来越精密地组织他们的感觉，也渐渐能够控制自己的情绪，学着维持较长时间的有组织状态。儿童的感觉统合发展遵循以下发展原则：

（一）顺应性原则

人可以通过顺应性反应来组织感觉。最重要的“感觉－动作组织”能力发生于对感觉采取顺应性反应的过程中。此种反应是以创造性或有用的方式来顺应身体与环境。听到声音回头看，碰撞到障碍物时调整姿势寻求平衡，这些都需要许多顺应性反应。

在身体采取顺应性反应之前，必须先把从身体和环境中获得的感觉组织起来。只有当大脑明白了是怎么回事时，我们才能顺应当时的环境刺激。

每一种顺应性反应又会引起进一步的感觉统合。组织能力良好的顺应性反应，可使大脑保持在比较有组织的状态中。为了统合感觉，孩子要试着去顺应感觉，别人不可能代替自己来做顺应性反应，必须自己亲自做。所以，对孩子的一切都包办代替，实际上是剥夺了孩子顺应性反应能力发展的机会。

（二）内驱力原则

每个孩子都有相当大的内驱力来发展感觉统合，我们不必告诉孩子如何爬、站立，自然的天性会指挥他们去做。但是，家长要给孩子机会，观察孩子如何在环境中找机会求发展，如何一再努力、尝试直到成功为止，我们从中可以发现，如果没有这种趋向感觉统合的内驱力，孩子们就不能够得到发展。

在母亲的子宫内，胎位变动的过程中，孩子的触觉、前庭平衡、固有平衡等能力就已经在逐步发展。出生后，它们和视、听、嗅、味、触等感官便不断相互影响。在大脑中的感觉中枢相互联系，这些感觉神经的交错程度比任何网络都复杂。

新生儿能对外界的事物有所了解和认识，最主要是通过视、听、嗅、味、触觉的五官感受。由于五种感觉的学习是非常自然的，所以一般而言，我们并不特别注意。而这种不必使用思考却会影响我们大脑思考的学习，通常是最重要也是最有效的。

特别是触觉，更是人类大脑学习能力异于其他哺乳动物的最重要的因素。人类毛少皮薄，使大脑从出生阶段便可以接受各种不同层次的细腻感觉，并且能做细腻的辨识及记忆，这是人类异于其他动物最明显的区别。人类语言能力中的复杂发音技巧和对词汇的认知与此也有重大的关系。

二、感觉统合的过程与学习能力的发展

人类的感觉系统不是单独发生作用，而是由各方面汇集而成的。只有人类的大脑和身体发挥真正的协调作用，学习才能真正地发挥效用。

眼睛的视觉、耳朵的听觉、鼻子的嗅觉、嘴舌的味觉、皮肤接触及肢体活动的触觉，都会将刺激的信息传入大脑，如同天线一样，这些感官是用来搜集环境信息的。疼痛、冷

暖、压力等也是由皮肤传入大脑的感觉，如果大脑和身体的协调良好，大脑会立刻指挥身体，做出动作以反应这些感觉。

运动中头部位置会变化，内耳中的半规管可以协助大脑去感应肌肉、关节、肌腱等的位置，以取得和身体活动的相互协调。感觉中的视、听觉，在表面上似乎与感觉上的触摸、身体操作关联不大，但在日常生活中，它们如不能相互协调，给我们带来的麻烦是相当大的。遮住眼睛、塞住耳朵在房间四周慢慢移动，你便可以深刻体会这种感觉。

其实，没有视听感，我们仍然可以感觉周围环境。黑暗中，我们一样可以通过周边物品设定自己的位置，并确认地点，避开危险的东西，因为在大脑中，所有的感觉会建立共同的记忆印象。单独的感官仍然可以利用其他感官共同学习来做出反应。让我们来看看大脑中两个特别重要的感觉：

（一）前庭感觉

综合判断头部位置和身体变化的综合性感觉，便是前庭感觉。

前庭感觉让我们的头、眼、四肢、身体能相互协助做出一系列动作。由于人的身体必须随时练习在地心引力中运动，所以前庭感觉的协调通常称为前庭平衡。前庭平衡不良会造成身体操作上的控制力差、不平衡和不协调。

对于老师在黑板上写的字，无法正确地模仿；踢球时无法用单脚正确使力；头部放不到重心点，增加颈部压力，致使头部摇动频繁，会产生注意力分散等现象；身体肌肉容易紧绷，身体两边的力量很难协调，等等。这些都可能是前庭平衡不良所产生的现象。

（二）固有感觉

人的身体和地心引力的关系，除前庭感觉外，还有一种感觉称为固有感觉。

人类直立行走，但由于双手不长又没有尾巴，所以身体上的平衡工具非常短缺。但人类的行动仍比较灵活，这种能力很难用力学理论来解释。我们或许只能视之为千万年进化出来的一种能力，因此通常称之为固有感觉。固有感觉所形成的身体和地心引力的自然协调，便称之为固有平衡。

固有平衡帮助我们随时和地心引力保持协调的关系。我们做任何动作的时候，不用特别去注意身体、四肢的位置，它们也会很顺畅地进行互相关联的活动，如翻身、站立、走路、跳跃、翻滚，以及稍复杂的扣扣子、写字、拿筷子吃饭、用梳子整理头发等，身体各部分器官能够协调自如是固有平衡的功劳。

各种进入大脑的感觉刺激信息，在中枢神经形成有效的组合，就叫作“感觉统合”。正因为有这种能力，大脑才能协调身体对外界做出适当的反应。艾尔斯博士将之比喻为交通指挥者或红绿灯管制者，没有他们，交通将乱成一团。感觉统合促使我们感觉神经的交通不至中断，所有的学习和动作也能顺利进行。在完成各种协调行动上，感觉统合的能力非常重要。

感觉统合的练习来自大脑中的运动企划（motorplan）。为了做某种动作，我们必须对自己的身体与环境之间的关系做全盘考虑，并制订出计划，以逐步实施。这便是运动企划。

运动企划是依据过去的经验，运用于当前动作的感觉，再加以利用于下次的动作中。运动企划会让我们的潜意识了解身体如何动作，下次也能利用这次经验来做计划。

在运动企划中，能单独输入刺激信息的视、听、嗅、味、触感官，比固有感觉和前庭感觉更为重要。由于这些感官能有效地将动作组合成一种新的运动企划，所以在感觉统合的过程中相当重要。例如，孩子看到一种新玩具时，或许并没有人教他如何玩，但大部分孩子仍可以用过去的相关经验找出自己的游戏方法。这种有意识地利用记忆中的潜意识，使孩子的身体学习可以顺利地发展下去。感觉统合就是在上述这些过程中逐渐形成的。

通常感觉统合是在幼儿期的日常活动和游戏中发展出来的。对类似动作孩子可以自我学习并做出反应，这就是运动企划产生的功能。然而，由于小家庭制度存在一些不利因素，使越来越多的孩子在感觉统合学习上遇到挫折。这样孩子在发育及行动上就会产生困难，学习障碍的问题也因此产生，我们会在下面的原因分析中详细介绍。

第4节

感觉统合失调的成因分析

城市化发展、核心家庭化、剖宫产儿童的增多、儿童运动和爬行减少、生活节奏加快、竞争日益激烈、环境污染等因素使得儿童患感觉统合失调症的概率大大增加。这导致近半数儿童出现了不同程度的问题，例如：感知觉问题、视觉问题、听觉问题、智力问题、学习成绩不良、学习能力障碍、多动症、情绪问题、个性问题、社会适应问题、交往障碍、身体素质问题、性别错乱等等。感觉统合失调的原因包括生物学因素、家庭与父母因素、社会与环境因素和城镇化进程因素等，了解并控制这些因素，及早地采取预防措施，运用系统、科学的方法，积极实施有效的干预是确保儿童健康成长的关键。

一、生物学因素

（一）遗传作用和心理因素

若家族中有人曾患某种神经症或精神疾病（如精神分裂症等）、学习障碍（尤其是阅读障碍）、各种残疾及过敏中毒史，则其他成员发生此类疾病的危险性较高。除了遗传基因影响外，心理因素影响也不可忽视，即增加患病的易发性或影响身心健康的脆弱性。

（二）脑损伤或脑功能失调

脑损伤原因一般包括母亲在分娩过程中时间过长、分娩过于仓促、胎盘脱离过早、难产、吸盘助产等；母亲有酗酒、吸烟、受 X 射线辐射、服用不合适的药物、患糖尿病、甲状腺机能减退等问题；母亲年龄偏大或偏小都有可能导致胎盘生长不良、胎儿缺氧、胎儿感染等问题出现；宝宝出生后，发高烧、严重脱水、患脑炎、脑膜炎等。此外，婴幼儿期头部的摔伤是最不为家长注意但又恰恰是至关重要的脑损伤因素。脑损伤或脑功能失调会影响大脑的机能，即可能影响人的行为的敏感度、反应方式或抑制作用，造成被动、退缩、活动过度、情绪暴躁等现象。

（三）生化失调

1. 神经化学物质传递异常

通过研究尿、血液或脑脊髓液中神经介质代谢物数量的减少，研究药物对大脑认知的影响，研究药物对个体注意力、学习与行为的影响等，人们发现了神经化学物质传递异常问题。儿童神经化学物质传递异常会导致多动症、注意力缺陷、学习成绩不良等问题。

2. 维生素缺乏

维生素是一种人体不能合成、既不参与组织构成又不供给能量、具有特殊生理功能的小分子有机物，是保持机体活力的重要条件。一旦机体维生素供应不足或需求增加将导致新陈代谢的障碍、心血供应系统及神经系统机能障碍等，影响人体的正常生理机能，影响大脑功能的正常发挥。

饮食结构影响儿童的大脑工作能力，平衡的饮食可以使儿童大脑保持清醒状态，不至于过度兴奋或萎靡不振。如果儿童饮食结构中蛋白质含量偏高，会导致儿童处于过分兴奋状态，引起多动，影响学习；相反，如果儿童饮食结构中碳水化合物偏高，会导致儿童极易疲劳，大脑处于抑制状态之中，造成精神萎靡，同样也影响学习。

3. 内分泌腺功能失调

某些激素失调会引起儿童早期大脑损伤或身体状态的改变并因此干扰学习，最典型的例子是甲状腺功能失调。甲状腺素分泌过少则造成儿童精神低落、过于平静，使得学习没有动力、缺乏激励。如果儿童在出生时母亲甲状腺素缺乏，很可能会对大脑造成严重的损害，以致影响智力的发展、语言的接受与表达以及身体运动机能的发展；而甲状腺功能亢进对儿童的身体发育、智力发展等也会产生很大的影响。

4. 低血糖

脑的代谢要依赖于一定量的葡萄糖供给。如果我们吃得过少，使体内的血糖量远远低于正常水平，大脑就不能保持正常的活跃水平，导致学业不良、多动症等问题。低血糖会危及儿童大脑的发展，尤其是出生后的头两年内。低血糖情况发生得越早、越频繁，大脑受损伤的可能性就越大。如果不及时解决低血糖的问题，大脑的神经细胞就会受到损害，常常导致智力落后、动作发展迟滞，以及大脑重量减少等问题。其易发人群包括双胞胎、低体重新生儿、母亲患有肾功能失调、母亲在妊娠期间患糖尿病以及营养不良等。

5. 其他因素

研究发现，几乎一半以上的多动症儿童血液中的含铅量较高。汽油燃烧时，其中的铅会被排入空气中，易被儿童吸入体内；使用含铅的塑料玩具、餐具，带油漆的家具等，都会使儿童体内铅含量过高。

另外，各种食品添加剂如调味剂、人工色素、防腐剂、膨化剂、香精、咖啡因等对儿童的中枢神经活动也会构成一定的负面影响。随着生活水平的提高，儿童很容易过多食用饮料、糖果、冰激凌、香肠、罐头等休闲食品。儿童饮食失调也会影响其中枢神经的正常发育，饮食失调包括含高蛋白、高脂肪、糖的食品摄入量过多，维生素缺乏，水杨酸摄入量过多等。

各种生物化学环境对儿童的成长也极为不利。如滥用涂改液、荧光灯，新型高层建筑中的射线污染、电磁辐射等。

6. 先天或后天生理的残疾

因妊娠中毒与过敏、出生缺陷、剖宫产综合征、难产缺氧、各种身体损伤、代谢障碍、疾病感染等因素而导致的各种先天或后天残疾，一方面可能影响或限制个体的正常活动或交往机会，另一方面也可能因残疾而感受较多的挫折，造成心理和行为的偏离。

二、父母及家庭因素

（一）不和睦的家庭因素

强调个性化的生活方式使得许多家庭的夫妻关系陷入困境，而其中直接的受害人之一就是孩子。孩子整日看到父母相互谩骂和争吵，父母缺乏责任感、义务感和荣誉感，父母不和，视孩子为出气筒，对其进行辱骂或殴打，亲子关系不正常，情感上被忽略或对立，这些会导致孩子情绪波动大，常有莫名其妙的焦虑和恐惧，容易产生敌意，缺乏同情心，产生嫉妒、残忍等不健康的心理状态，甚至使得他们不愿接受伦理道德的约束，富于攻击性。

孩子从小就缺少温暖和爱，或者得到的是畸形的爱，其心情常常处于紧张、焦虑、恐惧的情形中，惶惶不可终日。他们不但可能患上与饮食、睡眠、呼吸、排泄等方面有关的疾病，还可能失去对自己调节控制的能力，患上精神疾病，产生人格上的缺陷。

（二）过度保护

过度保护的孩子什么事情全由父母包办、代替，造成“植根延长”，使孩子养成过分依赖父母的习惯，一旦离开父母，则易产生分离焦虑，拒绝上幼儿园，拒绝上学，形成儿童退缩行为，会造成孩子以自我为中心、自私自利，很难适应集体生活，易造成挫折感，产生对立、自卑、仇视、嫉恨乃至采取攻击报复行为，人际关系紧张等情绪问题。

（三）家庭结构简单化

随着新一轮人口的流动，越来越多的年轻人离开父母，另筑巢穴组成“核心家庭”，加上独生子女政策的影响，家庭结构越来越简单化，家庭中参与儿童教育的人数减少，孩子易孤独，缺少兄弟姐妹间的交往，影响孩子的社会性发展，孩子容易感到孤独。

（四）家庭生活电视化

社会竞争的日益激烈，父母都很忙。自己带孩子的父母越来越少，父母陪孩子玩的时间越来越少，手机、电视等成了孩子理所当然的伙伴。孩子看视频时无需交流，长时间这样可能会带来一些语言问题、交往问题；网络视频内容不可控，也容易使孩子通过模仿出现诸多问题。

（五）父母教育导向问题

独生子女对父母而言像一场赌博，社会普遍存在的望子成龙现象对孩子形成了巨大的压力：父母期望过高、对孩子过早教育、过度教育、过度管教等违背儿童身心发展自然特点的做法，会形成儿童焦虑症、多动症、反抗与冷漠、早熟等现象。

（六）父母角色问题

亲子间的正常接触和交流是缓解青少年恐惧、焦虑、不安的精神良药，会给孩子带来安全感、信赖感、温馨感，对孩子的心理健康发育、健全性格的形成具有至关重要的作用。而父母角色不良、性格内向、缺乏权威意识和责任感、社交能力差、亲子间不能正常交流感情等会导致儿童行为越轨，如母亲对男孩管教放松、过严或者前后不一致；父母对孩子缺乏感情，任其自由活动而不予指导和约束；家庭缺乏亲密性，等等。

（七）抚养与家庭教育不当

父母对孩子过分溺爱和宽容会使孩子容易养成放纵骄横、自私自利的品德和嫉恨的心理，导致孩子对自己的社会责任模糊不清，不能学会在欲望不能被满足时忍耐。结果，不合理的需求、欲望不断增加，孩子自己无法适应社会生活，处处以自我为中心，自控力差，道德观念薄弱，缺乏行为准则和规范，事事依赖大人，与人交往产生挫折后，易产生对立、仇视情绪，从而发生侵犯行为。反之，父母对孩子过分严格、虐待、粗暴，容易使子女形成冷漠、消极情绪，产生敌意或残忍的心理，容易引发不能克制的攻击和冲动行为。

家庭成员的道德水平对孩子影响重大。调查某工读学校女生，其中 30% 的家庭成员中被判过刑，25% 有坏作风；父母有性犯罪的孩子，行为越轨率为 44% 和 62%；60% 的少年犯来自破裂家庭。

三、教育因素

人才竞争的低龄化趋势导致一些教学内容重心下移。许多幼儿园、小学为了迎合部分拔苗助长家长的异常需要，教学上片面地追求认知发展，采用不适合孩子身心发展的教育教学措施和评估手段，无视学生的个体差异，要求整齐划一，过分强调听话、教育内容成人化等，并且导致孩子缺乏足够的室外活动。受经济利益驱动，一些幼儿园、小学还办起了寄宿班、托儿所，这就使得家长有条件以工作忙和幼儿园、小学好等为借口，置亲子感情和孩子的情绪情感发展于身外，导致有的孩子思想负担重、压力大；有的孩子人格扭曲（双重人格）；有的孩子情绪紧张；有的孩子严重活动不足（感统失调、多动症、害怕实践）；重者还会发展为情绪问题儿童、自闭症儿童。

学校是人才和教育资源分配竞争的焦点，片面地将教育选拔功能职能化的结果便是片面追求升学率，为此多数学校采取了许多不适合学生身心发展的教育教学措施和评估手段。

学校无视学生在身体外形及发育水平、认知水平及认知方式、智力因素与非智力因素、对学习环境要求与社会能力、场依存与场独立性、生物节律与性别等个别差异，一味地强调升学与考试，造成学业良好的学生思想负担重、压力大、人格扭曲，学业中等的学生疲于奔命、情绪紧张，学习成绩不良的学生更加厌恶学习；造成师生之间关系紧张，滋长了不满、怀恨、嫉妒、反抗、报复等不良情绪，重者发展为情绪问题。

四、社会环境因素

个体在社会环境中独立发展，但其最终的目标是社会化。

整个社会的风尚、价值取向都会潜移默化地影响思考能力尚未成熟的儿童。当今中国社会处于变革时期，各种社会思潮、社会经济状况、社会道德标准、社会风气、社会结构的变化或瓦解、原有社会规范与新社会规范交接、社会异化、外来文化的引入、旧有文化的冲突、社会生态环境的破坏等因素都会使年轻一代彷徨、无所适从。

社会学习理论认为，品行问题和犯罪行为是后天习得的。年轻一代易受同龄人的影响，近朱者赤，近墨者黑。报纸、杂志、广播、电视、电影、光盘、网络等多样化媒体对孩子的影响也不可小视：它们对儿童的社会化过程有明显的塑造作用，不良的媒体宣传使他们耳濡目染，形成不良习惯和品格，甚至导致抢劫、强奸等暴力犯罪行为及吸毒等问题。

五、城市化因素

现代化的生活是以城镇化为主要特征的，城镇化进程的加快在带来人类文明的同时，也对孩子的成长造成了许多不利影响。城市中人口高度集中，流动人口众多，社会关系复杂多变，这些对儿童情绪的健康发展影响很大。

城市多以单元式的楼房环境为主，它具有“封闭式”的特点：空间狭小，离群索居，水电气相通，邻里不相往来。这就大大限制了儿童与社会接触的时间和空间。这容易使儿童孤陋寡闻，形成孤独、离群、依赖、忧郁、不善交际等性格弱点。况且，住房拥挤，造成视野狭窄，也会影响儿童身心的发展。

城市环境变化迅速，以致儿童无法自我调节；高层建筑林立，交通拥挤繁忙，声响喧嚣杂乱、绿化面积减少、空气污染严重，给儿童带来不小的心理压力；高大的建筑群、宽阔的街道，常使人产生相对渺小、悲观和自卑的感受；噪声、色彩、眩光、人流、车水马龙，使人紧张焦躁不安；钢铁、混凝土设施，使人产生软弱无能和压抑的感受。

现代城市生活交通便利、物质丰富、精神文化生活丰富多彩，这容易给儿童带来较大的优越感，相对地造成他们自信心和自尊心过强，而意志薄弱，挫折容忍力较低。一遇挫折或受到打击，他们就会情绪反常或反应激烈，难以抑制。

六、爬行不足及有关研究

爬行对儿童发育的影响非常重要。调查发现 60% 的儿童存在爬行不足的问题。我们平时可以观察到许多存在学习障碍和严重情绪困扰的儿童，在接受在滑板上重新经历“爬行”活动的治疗时，其开始一段时间趴在滑行板上“爬行”很困难，不是姿势歪在一边，就是从板上掉下，严重时连趴在板上也做不到。而那些问题很轻的儿童在几天内就能自行调整好姿势，享受爬行活动的快乐。

通过调查儿童的成长史发现，很多有学习障碍和情绪困扰的儿童都没有经历过正常的爬行阶段。例如，在满 1 岁前，没有好好爬行或爬行得很少。有些家长有洁癖、怕脏，因此不让孩子在地上爬。有些大人由于忙或为了省事，大部分时间把孩子放在学步车上，无形中剥夺了婴儿学习爬行的机会。有些祖父母长期抱着婴儿，这也大量减少了孩子学爬行的机会。

不少喜欢炫耀或拔苗助长的家长，在婴儿开始学爬不久，就让婴儿提早学走路。这些孩童上学后，许多都表现出脾气暴躁、好动不安及眼球飘瞄不定的特征，进而造成过分敏感和学习不专心等问题。

爬行既是低等动物的演化过程，也是人类个体成长过程中所必须经历的阶段。低等动物沿着地面和水面移动，依赖四肢爬行，同时依靠颈背肌肉的收缩来维持头部的自由活动和眼睛的稳定搜索，在脑干部把视听觉和肌肤感觉和地心引力做低层次统合整理，才能做较简单的寻找、防御性反应——爬行和颈部强有力是生存所需的低层次反射动作的基础。

人类作为灵长类动物，与其他动物相比，平衡能力更精巧，双手有利于精细操作，眼睛也看得更细腻。高层次大脑功能发挥的先决条件是脑干部把视听觉、肌肤感觉和地心引力做好低层次统合整理，大脑才能正确使用低层次所传过来的无数感觉信息，否则空有大脑的配备，也无法发挥一个人的聪明才智，这是在学习障碍和情绪障碍儿童和成人身上一再看到的情景。

人类大量使用成熟大脑做精细判断和大量思考，是在七八岁之后，此前人类所呈现的还是感觉－动作的动物。1岁以前的爬行把低层次感觉统合整理的基础打好，儿童阶段一直在玩攀、爬、跑、跳的游戏，都是一再磨炼低层次感觉统合整理和高层次精细判断与思考之间的衔接。有学习障碍和情绪障碍的儿童与别人玩不起来，或完全逃避游戏，这说明他们低层次感觉统合整理的基础没有打好，高层次大脑功能的发挥因此受到了限制。

治疗时，应强化儿童重新经历爬行动作，特别是爬行中的复杂动作，目的在于促成脑干部低层次的感觉统合整理，进而与高层次感觉处理做好较精细的衔接。治疗后，家长和老师要加强教导才会事半功倍，才能够发挥潜在的智能。

脑干部低层次感觉系统不良所表现的症状有：

（一）重力（姿势）不安全症

例如恐高症和害怕高速行驶，是由前庭平衡系统对地心引力与方向、加速度过度敏感所造成的，严重时会表现为晕车、不敢玩秋千、不敢和别人玩、人际关系不良、无法承担责任。

（二）前庭和双侧大脑分化失常症

这是由（内耳和脑干平衡机构）前庭反应不足或反应过度所引起的。前庭系统控制身体躯干和四肢、动眼肌肉的张力，如动眼肌肉笨拙或眼球转动不平顺，会导致在阅读时出现字幕像电影银幕失常而跳动不停的现象，轻微时读书常跳字，严重时无法享受阅读的快乐。这是导致学习障碍的重要原因。

此外身躯手脚肌肉的张力不均匀，是笨手笨脚和运动不灵巧的重要因素。儿童好动不安，不知轻重，不听劝阻或教导都是前庭反应不足的现象。前庭系统也会影响听觉和视觉的秩序感和敏锐性，因此改善前庭功能也会促进听觉和视觉的效能。

（三）触觉防御和神经生理抑制困难

由于防御性触觉和其他感觉过度敏感，会引起脾气暴躁、好动分心、经常打架吵架，到处碰触和一直拿着小东西，特别怕冷或在夏天穿高领长袖衣服，或特别不喜欢穿衣服等问题。而且还有严重偏食、怕黑、怕独处、怕恐怖等问题。严重时，会怕到人多的地方或拒绝上学。

本章我们深入了解了什么是感觉统合，造成感觉统合失调的原因，感觉统合失调与学习障碍的关系。我们只有了解了导致儿童学习困难和行为不良的原因，才可以更加理解孩子，更进一步地帮助孩子健康地成长。

第 2 章
Chapter 2

感觉统合能力训练主要解决的问题

小乐是剖宫产出生的孩子，家长原以为剖宫产不损伤大脑，孩子会很聪明。结果孩子倒是很聪明，就是淘气。小乐好动不安，上课常有小动作，眼睛不能长时间地看着老师和黑板；动作拖拉，除了玩，做事都要催好几遍；敏感、爱哭、怕黑、吃手、偏食、胆小退缩、不善于和小朋友合作；学习粗心大意，记不全老师说的话，经常看错符号或字的偏旁，很少得满分；爱挑剔、缺乏耐心和毅力、容易气馁。总之，和别的同学相比，小乐有许多问题，这让家长和老师很头疼。这些是教育的问题还是孩子心理的问题呢？

在都市化社会和小家庭模式中，成人的许多养育方式不符合儿童心理发展规律。成人对幼儿的过度保护、过分要求；剧烈社会竞争下的学习压力；家庭中僵化、紧张的亲子关系；都市生活中幼儿活动空间不足、触觉学习缺乏等，都会使孩子的感觉－运动系统得不到充分发展，从而造成神经系统无法健全发展、大脑功能出现有些部分没有机会及时发展、有些部分无法与其他部分协调工作的成长不全现象。

目前，依照感觉刺激的类型，可将感觉统合失调的矫治方法分为触觉刺激治疗、前庭刺激治疗、本体感觉刺激治疗、顺应性反应等。接下来，让我们来了解感觉统合主要涉及的感觉－运动系统和功能，以及相关的学习能力。

第1节

前庭平衡功能及训练

家长在对孩子早期教育时更喜欢训练孩子认字、算数、背儿歌、背唐诗等，但是，如果注意力不集中，孩子就不能够把家长所教的知识记住，也不可能坐下来好好听讲。所以，家长应该注意训练孩子集中注意力的能力。心理学家研究表明，注意力与前庭平衡能力有关。

一、平衡感是人类行动的基础

前庭器官是大脑中的重要器官，控制人的重力（地球引力）感和平衡感。人对重力的感受、判断身体与环境的关系、控制身体的平衡，方向感、距离感的正确掌握，以及翻、爬、坐、站、跑等行动都与前庭器官有着重要关系。

平衡能力主要来自人的身体骨架和中枢（脊髓）神经的功能，以协调身体和地心引力的运动。平衡能力的发展从母体的胎位变化就开始了。出生后，婴儿经历了平躺、翻身、坐、爬，才能站立起来，进而灵活操纵大小肌肉。这些运动既是孩子平衡能力的体现，又是在不断地进一步训练孩子的平衡能力。这些运动也是今后一切行动的基础。

平衡感发展不良会出现什么问题呢？研究发现，平衡感发育不良会造成儿童站无站相、坐无坐相、容易跌倒、拿东西不稳、走路撞墙、心烦气躁、好动不安、眼睛不能盯住目标、人际关系不良、有攻击性，甚至由于脑机能不全，影响语言能力发展及左脑的组织、逻辑能力等。这些问题都会严重影响学习能力，例如好动不安，注意力无法集中，爱做小动作，喜欢捉弄人；浮躁，爱发脾气，缺乏自信心；上课不专心，不自觉地走动，扭动身体，控制不住自己的手和嘴；接老师的话茬，不能听老师的指令；不会做操，不爱写字和读书；左右不分，方向感不明，经常磕磕碰碰；喜欢爬高，绕圈子跑，旋转不晕，怕走平衡木，等等。有的孩子不仅自己学不到东西，还会影响课堂纪律，让老师感到很头疼。造成前庭平衡功能失调的原因有胎位不正、早期活动不足、爬行不足、过早地长时间使用学步车等。

二、前庭觉是大脑功能的门槛

在大脑后下方脑干的前面，有个微小的雷达式感应器官，叫前庭神经核，以此组成的神经网络，便是前庭觉。它是感觉、运动觉的中转站。大脑半球单侧功能分化（包括视、听、嗅、语言）及运动协调均依赖脑干部功能的完整有效工作。

由于前庭是大脑门槛，整个身体的触觉、关节活动信息也必须再次过滤，以选择重要的信息做回应，所以前庭觉必须和平衡感取得完全协调，才能正确分辨和认识身体的空间位置，这就是前庭平衡。前庭觉不良，身体活动会直接受到影响，笨手笨脚、不听指挥，视听神经系统都会扭曲，形成听讲、阅读、书写、计算等学习问题。

皮亚杰的认知发展理论认为，个体与环境在交互作用的过程中产生了适应性动作，促进了儿童智慧的发展。然而，一部分动作障碍儿童，由于存在感觉统合失调问题，缺少相应的协调功能，很难对周围环境产生恰当、有效的适应动作，因此，他们特别需要适合其神经系统特点的特殊环境。感觉统合失调矫治的核心原则在于充分提供内耳前庭、皮肤碰触等感觉刺激，并科学、恰当地控制刺激输入的环境，促使儿童逐渐自觉地形成顺应反应，进而激发其自信心和潜能，最终改善协调与控制能力。

三、前庭平衡功能失调

前庭感觉系统和大脑之间有非常密切的关系。前庭系统功能正常时，人的一生中，对重力感会有持续性的相类似的信息输入。这些感觉信息会与其他感觉信息一起以不断重叠的方式输入大脑，所以一般人的大脑对重力的反应是持续不变的。这些重力感的信息由于相当持久和稳定，在它输入神经系统后，就会成为眼睛及其他身体感觉在判断信息时的重要参考资料。

头部转动或弯曲时，前庭感觉接收器的碳酸钙晶体会离开原来位置，改变前庭神经系统的传达流程。这种现象在跳跃、跑步、摇晃时更为严重，会使中耳半规管中的惯性液体流动，感觉接收器就会立刻受很大影响。其他像走路、乘车船或头部有轻微振动时，前庭感觉也会立刻有所反应。在我们所有的感觉器官中，前庭接收器最为敏感，其信息能否对环境产生顺应反应也是最重要的。

只有前庭器官随时告诉我们头和身体的方向，我们的视觉信息才有意义。所以，前庭信息处理不良的孩子，视觉便很难跟随移动的目标，很难将双眼由一点移到另外的一点；眼肌和颈肌上的信息反应处理也会发生问题，促使眼球的移动不平稳，常会以跳动的方式抓住新目标，造成孩子在阅读、玩球和画线上的困难。

此外，前庭神经会将信息由脊髓锥体神经体系传达到身体各部分，通知肌肉的收缩和运动。同时也会将这种肌肉和关节的信息传到前庭神经核及小脑。如果这方面功能不良，便无法较好地完成感觉统合，孩子会常常跌倒或撞墙，动作也会显得笨手笨脚，甚至害怕行动，造成感觉信息的传入严重不足，影响身体的协调能力。

前庭系统中网状组织的作用是帮助大脑保持清醒和警觉状态，所以，当身体快速转动时，前庭系统必须迅速调节才能让我们保持适度的清醒。如果前庭体系活动量低，调整的作用就不足或较差，孩子就会出现多动及注意力涣散的问题。

感觉统合运动有很多在复苏前庭刺激，使孩子能恢复安静，身体活动才能有组织力。

前庭感觉不良也会产生无法判断视觉空间的现象。空间感来自身体和重力感的联系，缺乏重力感的孩子很难有空间透视感，因此常无法判断距离和方向，在人多的地方常有迷失的感觉，也会因太靠近人或碰撞他人而造成人际关系的严重障碍。

前庭感觉不良会使孩子经常遭遇挫折，丧失自信心，更容易导致恐惧、伤心、生气、过度兴奋等情绪问题。如果无法有效解决前庭平衡功能失调问题，孩子的人格和情绪的健全发展都会受到严重的阻碍。

四、前庭平衡能力训练

前庭感觉是综合判断头部位置和身体变化的综合性感觉，有助于人的头、眼、四肢和身体相互协调做出一系列动作。前庭感觉的协调又称为前庭平衡，前庭平衡不良会造成身体控制不良。通过给予前庭器官的各种不同程度的刺激，使调节姿势反应的前庭功能正常化，在接受触觉刺激的同时有助于其他感觉的统合。前庭的功能对大脑整体功能起着重要作用，刺激前庭在知觉运动训练中得到广泛应用。在治疗感觉统合的许多方法中，刺激内耳前庭是一种卓有成效的矫治方式。前庭刺激和触觉刺激具有促进其他感觉统合的作用，因此被优先引入感觉统合的矫治中。

治疗师在对儿童进行被动式前庭刺激时，一般让儿童躺或坐在吊网床中，然后使其进行有节奏地摇摆或旋转，从而达到刺激前庭感觉的效果。如果有些儿童对前庭刺激过分敏感，甚至产生不安全感，可以让孩子用双手在地上轻轻地推动自己的身体，或拉着眼前的绳子来摇摆自己，而不是由别人推动旋转或摇摆。主动参与活动会促进个体的顺应性反应，而顺应性反应又能改善感觉统合。对于正常人来说，在旋转中会有眩晕感，旁人也能看到眼球震颤；而前庭反应不足的儿童在旋转中很少产生眩晕感和眼球震颤。这表明前庭信息并未在神经系统中得到正常处理。因此，治疗师可让儿童以向上的姿势坐在网床中，由治疗师把网床上端扭紧后放松，造成旋转，让前庭受到刺激，以逐渐产生眼球震颤和眩晕感，进而打通那些处于沉睡状态的神经通道。

如果前庭刺激产生过度兴奋或过度抑制，可鼓励儿童进行顺应性反应，从而促使前庭反应回到常态。例如，在大球上前后滚动时，可伸出双手按住地面。重新组合好一项反应时，可使脑功能的兴奋和抑制作用趋于平稳。

另外，还可以让孩子接受下列各种运动的训练来刺激平衡能力的发展：

①旋转运动：旋转圆桶、旋转木马、旋转椅子等。

②摇晃运动：采取腹卧位、仰卧位、侧卧位、头脚颠倒

等体位进行秋千、吊床等游戏。

③平衡运动：走平衡木、平衡板等。

④跳跃性运动：蹦床、翻滚、垫上运动等。

⑤姿势反应性运动：进行骑踏板车、沙坑、草坪、滑梯腹部爬行等游戏。

⑥速度感、位置感、距离感的体验：让孩子一只脚着地，一只脚踏上滑行的儿童踏板车。

对孩子前庭平衡功能的训练应从怀孕时开始。胎儿在前3个月主要是发育大脑神经系统，但此时的妈妈都比较紧张地“保胎”而很少活动，有的孕妇在床上要躺好几个月。其实，在整个怀孕期间孕妇都应该适当地活动，如散步、做一些家务等。孩子出生回家后，每天都可以让孩子做几秒钟的俯卧抬头、头竖直等训练。适当地摇抱孩子，不要总让孩子躺在床上看天花板。3个月开始训练孩子翻身，6个月开始训练孩子坐，七八个月开始训练孩子爬行。据调查，现在有不少孩子没经过爬就学走路，而心理学家研究发现：充分的爬行训练与孩子的注意力、动作协调性、语言能力等关系密切。所以，家长不要让孩子过早使用学步车，不要让孩子跨越爬行阶段。12个月时训练孩子走，然后逐步训练孩子跑、跳、单双腿蹦、上下台阶、走平衡木、坐滑梯、跳绳、拍球、做旋转游戏等活动能力。

第 2 节

触觉防御及训练

家长的教育方式和对孩子的早期心理训练很重要。家长对孩子粗暴、爱发脾气，给孩子过多压力，自身情绪焦虑，或者溺爱、过度保护孩子等都会影响孩子的情绪。另外，心理学家研究发现，孩子早期触觉学习不足也会造成孩子敏感、胆小、紧张等问题。

一、触觉是神经体系的营养

人类在胚胎时期有三层结构，内层发展为内脏，中层发展为骨髓肌肉，外层形成皮肤和脑神经细胞。也就是说人类的触觉和神经体系是相同的。触觉便是神经组织最重要的营养，触觉的敏锐程度会影响大脑的辨别能力、身体的灵活及情绪的好坏。所以，婴幼儿期的皮肤触觉非常敏感。孩子出生时要经过产道的挤压，受到特殊的触觉刺激；在成长过程中，吸吮乳头、受到母亲的爱抚、和兄弟姐妹玩闹等都要进行充分的触觉学习。但是，如果孩子是剖宫产、早产、人工喂养（缺乏母乳喂养）、独生子女（缺乏兄弟姐妹）、早期限制活动过多等，就会造成孩子触觉学习不足，出现触觉敏感问题。这样的孩子比较神经质，情绪不稳定，容易紧张，爱哭，害怕人多的地方，甚至不愿上学。他们一般比较孤僻，不会交朋友；或者爱惹人、黏人、固执，没有耐心和恒心。如果是嘴巴部位触觉过度敏感，就会出现爱吃手、咬指甲、咬嘴唇，甚至咬人、挑食、偏食、厌食等问题，进而影响情绪、人格的健全发展。

触觉过度敏感的孩子通常反应较快，智商也比较高，但由于情绪无法控制，情商、适应环境方面的能力均很差，特别需要有计划的训练协助其发展。

二、触觉与情绪稳定

孩子小时候，家长比较注意对其进行视觉、听觉等方面的训练，但是往往忽视对触觉的训练，而触觉的发展对心理发展有重要的作用，触觉的发展与情绪、性格的发展有很大关系。

触觉在人类感觉系统功能中占有很重要的位置。胎儿在母亲子宫内的感觉体验，出生时通过产道的感觉体验，出生后与外界的温度、事物以及和他人皮肤接触的感觉体验等，这些触觉对提高胎儿和新生儿神经系统的功能起着重要的作用。

感觉统合理论认为，触觉学习是人类大脑学习能力不同于其他哺乳动物的方面。人类个体的大脑从初生阶段便接受不同水平的触觉刺激，并且能够进行细腻的辨识和记忆。感觉统合失调矫治通常由触觉刺激开始，这正是基于触觉输入的广泛性特点。更为重要的是，触觉感受器受到刺激会传入大脑，所产生的一部分信息会到达脑皮质，这具有促进脑皮质发育的作用。

三、触觉训练

触觉刺激会对儿童神经系统整体感觉的统合以及感觉认知、感觉运动产生作用。触觉刺激可选用干毛巾、丝绸、软毛刷、天鹅绒衣服或治疗师的手等，轻擦儿童的背部、腹部、腕部、面部、手、脚等部位的皮肤。在施加触觉刺激时，治疗师要尊重和注意儿童的反应。刺激皮肤的位置可从手、背、脸、脚等部位依次进行。具体而言，手背和手臂对刺激的防御最少，这些部位接触周围环境次数最多，可以维持正常的触觉功能的平衡；而胸腹部、脸部和脚底等部位则不宜接受刺激。当然，刺激部位的选择主要取决于儿童的具体反应。

对于这些敏感部位，可根据路德（Rood）发明的方法，使用绕上骆驼毛的电动旋转轴辅助进行摩擦，产生的刺激轻快而舒适。根据临床观察，摩擦口腔周围的皮肤对孩子语言的发育可以起到重要作用。另外还可以让孩子进行皮肤刺激的游戏，如水中游戏、黏土游戏，沙、草坪上的赤足游戏等。

一般来说，触觉刺激对神经系统产生影响的时间约在刺激 30 秒以后，时间越长效果越好，但要根据孩子的耐受程度加以确定。

触觉刺激具有长期效应，因此可以在采取一般教育措施前，首先对儿童进行触觉刺激训练。一般而言，儿童会对触觉刺激的类型、时间长短及频率做出不同反应。治疗师可以根据儿童对不同类型刺激的灵敏程度采取灵活的训练策略。儿童的偏好反应是选取触觉刺激类型的灵敏指标。当刺激物较为适宜、恰当时，则可能具有促进感觉统合的作用。否则，当刺激物过于强烈、异常时，可能会对儿童感觉统合起到破坏作用。如果儿童喜欢或寻求某种触觉刺激且未曾引起过度兴奋时，表明这种刺激具有改善感觉统合的作用。但是，如果刺激引起网状系统过度活跃，便可能导致分心和睡眠不安。这种过度激活引起的不良反应并不意味着儿童不需要触觉刺激，而是他无法将这些刺激有效地组合和运用。在这种情况下，一般可用缓慢的前庭刺激来抑制和平衡脑干部网状结构的激活。

触觉训练应从孩子一出生就开始，母亲对孩子要多爱抚、多拥抱，不能图清静省事，把孩子交给老人或保姆就不管了。要尽可能母乳喂养，迫不得已用人工喂养时，不要催促孩子“快喝！快喝！”或以紧张、焦虑的心情期待孩子赶快喝完。孩子在 2 岁之内爱吃手、吃毛巾、咬东西等是正常的，不要限制，只要注意清洁卫生即可。多让孩子在地板上爬行、打滚、翻跟头，多和其他小朋友接触。让孩子玩土、泥巴、沙子、石子、水。孩子洗澡后，用粗糙的毛巾擦身体，用毛刷、羽毛刷身体，训练孩子皮肤的触觉反应。用冰袋、热水袋慢慢接触孩子，用吹风机向孩子身体吹热风或冷风，让孩子感觉温度。用大的毛巾被把孩子卷起来，或把孩子放在两个棉垫之间轻轻压，让孩子感觉身体的压力。大一些的孩子可以进行羊角球跳、袋鼠跳、游泳等活动。这些触觉训练活动可以持续到 12 岁。

第3节

本体感失调及训练

为什么有些孩子动作特别慢？写作业拖拖拉拉、边写边玩，自觉性、自制力特别差？这些令家长和老师困惑的问题与孩子的本体感发展障碍有关系，而不是学习态度问题。所以，家长再怎么严厉地打骂孩子都没有用，而是需要对其进行心理训练和心理治疗。

一、本体感失调与顺应性反应

人类动作、行为的另一个基本感觉是本体感觉。这是指身体各个部位的肌肉、肌腱、关节、韧带等自身的一种感觉。人体依靠这种感觉进行动作和行为的调节，有目的地进行肌肉的收缩和松弛，由此所产生的自身状态和运动，都是来自身体对刺激信息进行感觉和处理的结果。肌肉的收缩特别是对反抗阻力的收缩是促进本体感受信息输入中枢神经系统的重要方法。由于最大的阻力源自地心引力对身体的作用，因此让儿童俯卧或仰卧在滑行板上时，头的重力会使颈肌产生强烈收缩。如果本体感觉有障碍，就不能很好地解纽扣、取物、抓物，不能根据物体的性质掌握用力的轻重，常常将东西弄碎、弄坏。

二、本体感和学习能力

本体感是指人对自己身体的感觉，例如，对大、小肌肉的控制，手眼协调，手耳协调，身脑协调，动作灵活和灵巧，等等。如果大脑对手指肌肉控制不好，孩子写作业当然要慢，写字也写不好，容易出格；手眼不协调，看到和写出来的就会不同，常出现抄错数、写字颠倒等问题；手耳不协调，听到与写出来的不一致，听写就容易出问题；身脑不协调，大脑对身体控制不良，上课、写作业时身体老转来转去，不安地乱动，小动作多，等等。本体感不足的孩子，手脚笨拙，动作缓慢拖拉，消极，没有上进心，缺乏自信心，脾气暴躁，粗心大意。另外，因为控制小肌肉和手脑协调的脑神经与控制舌头、嘴唇肌肉、呼吸和声带的神经是相同的，所以，本体感不足的孩子，其大脑对舌头、嘴唇、声带的控制不灵活，容易造成语言障碍，如语言发育迟缓、发音不清、大舌头、口吃等。

现在孩子的活动空间狭小、活动量比过去少，家长要注意孩子动作协调性的训练，以增强孩子的学习能力。

三、本体感的训练

为了训练孩子的本体感，心理学家设计出了体形较小的滑行板，目的是要通过较强的肌肉收缩为脑干部统合提供感觉输入。持续的肌肉收缩能够增进肌梭机能，肌梭产生的感觉输入往往导入小脑，可能对脑干部的统合功能起到促进作用。此外，运动觉是意识到关节运动或位置的感觉，是从运动产生感觉反馈的重要来源。关节接收器没有其他感受本体信息的接收器敏感，需要通过关节挤压或牵拉提供额外的运动刺激。如在脚踩或手腕加上铅锤以产生牵拉的作用，增加肌肉收缩的阻力，促进本体感受信息对中枢神经系统的输入。

此外，还可以让儿童进行游泳、摔跤、拔河、爬绳、搬运货物、骑车以及其他使肌肉紧张、收缩的运动。肌肉收缩将有助于中枢神经系统本体感觉信息的输入。

顺应性反应是个体为实现特定目标而发出的目的性动作。若动作的目标超出了合理性范围而无法达到，反应则为非顺应性。儿童顺应性反应的水平是评价治疗效果的重要指标，是治疗师关注的重点。

顺应性反应对儿童活动具有功能性意义。通过顺应性反应，儿童不仅能理解哪些活动对环境具有改变作用，而且能进一步增进内在驱动力。然而，只有当个体对身体感觉和前庭平衡反馈具有正确解释时，才能习得顺应性反应。临床研究发现，对于动作计划能力不良的儿童而言，其顺应性反应在很大程度上依赖于空间和时间的正确反馈。儿童动作计划能力存在缺陷，其部分原因在于身体感觉与反馈之间的失调。换句话说，儿童对环境作用的感受会对感觉输出的正确性予以反馈。因此，治疗师在设计诱发动作反应的情景时，应考虑到儿童对情景刺激的解释水平。比如，一个 10 岁儿童的本体感受不良，无法平稳地坐在独脚椅上，原因在于他无法解释身体感受到的信息，对自己能否获得身体平衡缺乏足够的认识。显然，治疗师在要求儿童坐独脚椅之前，应该先提供训练其本体感受的基本活动。

没有人能够强迫儿童表现出顺应性反应，因此只能提供治疗情境，期待诱发有目的的动作反应。观察儿童在交往中的言行反应，有助于探测儿童感觉统合失调所存在的问题，增强其顺应性反应。所以治疗师应创造恰当、适宜的矫治情境，调动起儿童的积极情绪和内在动机，使儿童更愿意融入有目的的活动中，这样才能获得更为复杂的顺应性反应。

四、家长要注意的问题

本体感不是天生就具备的，而是需要后天的训练。例如，婴儿期的翻身、滚翻、爬行训练；幼儿期的拍球、滑梯、平衡等训练；儿童期的跳绳、踢毽子、游泳、打羽毛球等训练，对孩子本体感的发育都是非常重要的。但是，不少家长怕孩子摔着，不让孩子到处爬；过早使用学步车，不让孩子爬就直接走路；老抱着孩子，而不让孩子自己活动；让孩子看电视、看书、学琴、学画多，运动少，结果阻碍了孩子本体感的发展，以致影响了后天的学习能力。

口腔肌肉的训练与语言能力有关。家长不要一听到孩子哭就把孩子抱起来，可以适当地让孩子哭一会儿，让孩子感受自己不同的音调、音量，使大脑神经与声带肌肉联系起来。如果是人工喂养，给孩子的奶嘴孔不要开得太大，让孩子通过嘬、吸、咬等动作训练口腔肌肉。小孩子都爱吃手，一开始吃自己的拳头，后来是手指，从 4 根手指吃到 1 根手指，这是孩子对自己身体感觉的分化，家长不要限制。

家长还要注意训练孩子的生活自理能力。让孩子学习使用筷子，自己洗脸洗手、擦屁股、系鞋带。有的家长觉得孩子手笨，总让孩子用勺子吃饭、穿不用系鞋带的鞋子、替孩子擦屁股，等等，更不让孩子做家务。家长不认为这些与学习有什么关系，然而这些都会严重影响孩子心理能力的发展。越是手笨、动作慢的孩子，越应多加锻炼。大脑指挥手干活的过程与大脑指挥手写字的过程是一样的，手笨、协调性差的孩子，写作业也会很慢。

第4节

学习能力障碍及训练

过去我们发现孩子学习成绩不好，往往会认为是孩子脑子笨，其实造成许多孩子学习问题的并不是脑子笨，而是学习能力发展不足，且和孩子的早期训练不足有关。

一、学习能力障碍的表现

儿童的学习能力障碍主要有以下表现：

（一）数学学习能力障碍

数学学习能力障碍表现为：做数学题时计算粗心、把加号看成减号、抄错数字、忘记进位、丢数字、对应用题理解力差、心算困难等等。感觉统合能力失调是造成数学学习能力障碍的重要原因。大脑将感觉器官传入大脑的信息进行正确处理，再指挥行动。如果这个信息处理过程出现问题，那么行动就一定会出现差错，看到、听到与做到的是两回事。例如，孩子在做运算时，时常忘记进位和错位，就是由于视觉记忆受到下一步计算的干扰；孩子将数字抄错、遗漏或左右颠倒，是由于视觉记忆、视觉分辨能力与视觉次序性记忆能力发展不足造成的；在算式计算中，将个位、十位、百位数排列不正，是因为视动协调性出现了障碍，大脑对方向、位置和距离信息的处理出现了问题。

（二）阅读障碍

阅读障碍表现为：读书时结结巴巴、丢字落字、错字错行，爱看动画不爱看字书，等等。造成阅读障碍的原因有：一是功能障碍。包括视觉功能障碍，眼球振动不平稳，造成读书时跳字、串行等；听觉功能障碍，造成读而不闻，读而不懂；失语症、大脑麻痹、智力迟钝和运动失调等大脑神经功能障碍也会造成阅读困难。二是情绪因素。例如胆小、自卑敏感的孩子，不敢在课堂上朗读，结果越不练就越有障碍。所以，他们不能够轻松、流畅地阅读。三是教育方法。对于那些智力或能力低的孩子，如果家长和老师一味地逼着孩子练习阅读，而不是用科学的方法进行特殊训练，长时间不见成效，孩子就会产生很大的心理压力，对阅读更加有抵触情绪，甚至产生厌烦心理。而对于智力和能力高的孩子，如果仍然让他们重复简单的课文，他们也会变得敷衍了事。

（三）听课能力障碍

听课能力障碍表现为：上课注意力不集中、上课时脑子反应慢、对老师说的话记不住或记不全、学得快忘得快等等。造成听课能力障碍的原因有：胎位不正、早期前庭器官训练不足、平衡能力训练不足、从来不怕晕或者特别怕晕、走路爱摔跟头、坐不住、爱做小动作等等。

二、感觉统合能力与学习能力障碍

感觉统合能力的发展会影响孩子的学习能力，也就是说，学习能力的发展是以感觉统合能力的发展为基础的。感觉统合能力会使孩子在接受刺激、传递信息、组织信息后，了解感觉信息的意义，最终形成适当的反应或行为。在各种环境里，这些反应对个体行动、动作和学习运动是非常重要的。因此，感觉统合能力直接或间接地会影响儿童在学习和活动上的表现。

感觉统合障碍是导致学习问题的常见原因。个体在与客观环境的相互作用的过程中，少不了信息的输入、储存和加工。在这一过程中，个体需要调动各种感觉器官对不同刺激做出相应的反应，并形成各种形式的感觉，如视觉、听觉、触觉、本体觉等。为了对外界的复杂刺激做出进一步的反应，个体需要在中枢神经系统的作用下对各种感觉进行有效的组织与统合，从而使个体形成对外部环境的完整的知觉，并与外部环境之间构成一种动态的平衡关系，以适应外在环境。

学习同样是一个信息输入、加工、储存和输出的过程。感觉统合失调的孩子，往往不善于对外界的各种刺激做出适宜的反应，不能把自己的心理活动有意识地投向某一特定的活动上；经常显得笨拙、忙乱、手脚不停，尤其是到了一个新的环境，或外界的刺激过多，对各个感官接收的信息不能及时地进行适宜的统合，从而使他们感到焦躁不安、无所适从，并通过一些多余的动作表现出来。在日常生活中，他们手眼协调性差，甚至不能很好地完成直线奔跑、跳绳等协调性动作；在学校学习中，他们用词贫乏或词不达意；阅读时，经常跳字、跳行；写字时，常搞混上下左右结构，或者漏字、漏行。感觉统合方面的障碍大大影响了他们正常的学习活动。此外，脑性麻痹和有智力障碍的儿童也有感觉统合异常的现象。

三、学习能力训练

如果孩子缺乏基本的学习能力，教师与家长就应该设法训练他们的这些技能。一些特殊的教学方法，如形状知觉的发展、空间辨别、形状辨别、眼球控制和感觉－动作统合都很有效。

以发展心理学的观点来看，个体各项身心特性的发展是循序渐进的，早期的各项发展是否健全足以影响后期的发展状况。以神经心理学的观点来看，强调早期的动作学习是建立脑皮层细胞组合的一个重要统合阶段。感觉统合理论的提倡者认为，以视、听、触、运动等感官所组成的感觉与动作的发展，是较高水平概念学习的必要基础。如果这些基本的学习有缺陷，将会使整个学习速度变得缓慢，学习效率偏低。

部分研究也指出，感觉统合能力发展不成熟与学习能力障碍呈显著正相关。以写字为例，除了需要适当的视觉敏锐度外，还必须具有双手协调能力，因此视觉统合功能的发展是否完善，会影响写字的表现，而书写能力又是学校学习和人际沟通中不可缺少的一项能力。若儿童视觉统合能力的发展有缺陷，还可能会影响其生活适应能力以及情绪的稳定性。

以往的研究成果显示，问题儿童的感觉统合能力发展比相同实足年龄的普通儿童差。同时许多研究也显示，儿童的感觉统合能力可以通过相应的训练获得改善。因此，了解儿童感觉统合能力的发展是诊断中的重要项目。其目的是通过测量儿童的感觉统合能力，并且对测验结果进行分析，以此设计一些补救性的可操作性强的活动，以减少因感觉统合能力不足所造成的学习与生活适应上的问题。通过训练对感觉统合失调儿童的学习能力有相当大的帮助。此外，有意识地调动儿童的各种感觉器官参与学习活动，对学习内容进行科学、合理的认知加工，显得尤为重要。

在 13 岁以前，通过强化的心理训练也可以促进孩子学习能力的发展。例如感觉统合训练中的滑滑梯、走平衡木、滚旋转圆筒、跳绳、拍球等活动都是有针对性的训练，可以训练孩子的感觉动作协调能力。让孩子照图形描绘可以训练空间知觉能力，演奏打击乐可以训练孩子的听觉协调能力，打乒乓球、羽毛球、放风筝等可以训练手眼协调能力。

第 3 章
Chapter 3

感觉统合的测量评估

小宝的家长和老师都觉得孩子非常聪明，在幼儿园能识很多字，阅读能力很强，爱看书，一坐就是半天不动。但是，做操、游戏、运动他就不喜欢了，而且不听指挥，在玩的时候也不和小朋友一起玩，自己到处乱跑。老师不明白，他为什么有时候安静，有时候闹腾？上课时，对于不感兴趣的方面，他的注意力就会特别不集中。到底是哪方面出的问题呢？

为了更好地了解儿童各项能力的发展情况，在接待前来咨询的家长和儿童时，感觉统合治疗师会先对儿童进行感觉统合的测量评估。

依据儿童心理测查结果，治疗师将进一步了解孩子成长的完整的家庭史及周围环境，通过与家长或其抚养者进行详细深入的交谈，了解他们的育儿观念及方法，然后运用心理学理论和方法，分析和辨别儿童感觉统合是否存在问题及其主要原因，帮助家长以更实际的态度看待和教育孩子。本章将针对感觉统合的测量评估做一个简单的介绍。

第1节

感觉统合测定

一、感觉统合评定量表的来源及简介

在过去的30多年里，艾尔斯设计了一系列的临床评定测验。为了对感觉统合进行研究，艾尔斯对感觉统合失调的每一类型编制了检查表，由父母填写，再由检查者对儿童感觉统合失调的严重程度做出评定。中国台湾的郑信雄教授于1985年根据中国的文化背景，将几种综合症状检查表统合起来，编制成了感觉统合检查表。此表在中国台湾地区一至六年级学生中进行了测试。测试结果表明此检查表有较好的可信度。北京医科大学的王玉凤教授将此检查表在中国内地进行了实践和修订。

感觉统合发展检查表是艾尔斯感觉统合失调综合症状检核表的综合。量表由58个问题组成。按“从不”“很少”“有时候”“常常”“总是如此”分为1 ~ 5的五级进行评分。“从不”为最高分，“总是如此”为最低分。量表又分成五项，每一项内容如下：

第一，大肌肉及平衡主要涉及身体的大运动能力和前庭平衡能力的评估。包括“手脚笨拙，容易跌倒”等 14 题。

第二，触觉过分防御及情绪不稳主要对情绪的稳定性及过分防御行为进行评定。包括“害羞，不安、喜欢孤独，不爱和别人玩；看电视或听故事容易兴奋，大叫或大笑”等 21 题。

第三，本体感不佳，身体协调不良主要涉及身体的本体感及平衡协调能力。包括“穿脱衣服、系鞋带动作缓慢；不喜欢翻眼斗、打滚及爬高”等 12 题。

第四，学习发展能力不足或协调不良主要涉及由于感觉统合不良所造成的学习能力不足。包括“阅读常跳字，抄写常漏字或行，写字笔画常颠倒；不专心，坐不住，上课常左右看；对老师的要求及作业无法有效完成，常有严重挫折”等 8 题。

第五，大年龄的特殊问题有 3 题，包括对使用工具及做家务的评定，主要评定 10 岁以上的儿童。

在得到各项原始分数后，根据儿童的年龄检查表，得出标准分数，低于 40 分、高于 30 分为有轻度感觉统合失调，低于 30 分为有严重的感觉统合失调。有一项得分低于正常值，则判定在某一方面有感觉统合的失调。如有多项低于正常值，则表明在多个感觉系统方面存在问题。

二、儿童感觉统合能力发展评定量表

儿童姓名:______ 性别:_____ 年龄:_____ 年级:____

生日:______年______月______日 测查日期:________

家庭住址:____________________邮政编码:__________

联系电话:______________________________________

各位家长:

儿童学习能力的发展主要是大脑和身体运动神经系统的良好协调,为了解儿童学习能力存在哪些障碍,首先要了解他们脑生理和行为发展的状况。请家长根据孩子的日常表现认真填写下列问卷,题中所述情况只要有一项符合就算。

从不这样	很少这样	有时候	常常如此	总是如此

(一)大肌肉及平衡能力

1. 特别爱玩旋转的凳椅或游乐设施而不会晕。

5　4　3　2　1

2. 喜欢旋转或绕圈子跑而不晕、不累。

5　4　3　2　1

3. 虽看到了仍常碰撞桌椅、旁人、柱子、门墙。

5　4　3　2　1

4. 行动、吃饭、敲鼓、画画时双手协调不良，常忘了另一边。

5　4　3　2　1

5. 手脚笨拙，容易跌倒，被拉起时仍显得笨重。

5　4　3　2　1

6. 俯卧地板和床上，头、颈、胸无法抬高。

5　4　3　2　1

7. 爬上爬下，跑进跑出，不听劝阻。

5　4　3　2　1

8. 不安地乱动，东摸西摸，不听劝阻，处罚无效。

5　4　3　2　1

9. 喜欢惹人，捣蛋，搞恶作剧。

5　4　3　2　1

10. 经常自言自语，重复别人的话，并且喜欢背诵广告语。

5　4　3　2　1

11. 表面上是左撇子，其实左右手都用，无固定使用哪只手。

5　4　3　2　1

12. 分不清左右方向，鞋子、衣服常穿反。

5　4　3　2　1

13. 对陌生地方的电梯或楼梯，不敢坐或动作缓慢。

5　4　3　2　1

14. 组织力不佳，经常弄乱东西，不喜欢整理自己的环境。

5　4　3　2　1

（二）触觉情绪稳定

15. 对亲人特别暴躁，强词夺理，到陌生环境则害怕。

5　4　3　2　1

16. 害怕到新场合，常常不久就要求离开。

5　4　3　2　1

17. 偏食、挑食、不吃青菜或软皮。

5　4　3　2　1

18. 害羞不安，喜欢孤独，不爱和别人玩。

5　4　3　2　1

19. 容易黏妈妈或固定某个人，不喜欢陌生环境，喜欢恐怖镜头。

5　4　3　2　1

20. 看电视或听故事容易感动，大叫或大笑。

5　4　3　2　1

21. 严重怕黑，不喜欢待在空房，到处要人陪。

5　4　3　2　1

22. 早上赖床，晚上不睡，上学前常拒绝到校，放学后又不想回家。

5　4　3　2　1

23. 容易生小病，生病后常不想上学，常常没有原因地拒绝上学。

5 4 3 2 1

24. 常吮吸手指或咬指甲，不喜欢别人帮助自己剪指甲。

5 4 3 2 1

25. 换床睡不着，不能换被子或睡衣，外出经常担心睡眠问题。

5 4 3 2 1

26. 独占性强，不让别人碰自己的东西，常会无缘无故地发脾气。

5 4 3 2 1

27. 不喜欢同别人聊天和玩碰触游戏，视洗脸和洗澡为痛苦。

5 4 3 2 1

28. 过分保护自己的东西，尤其讨厌别人由后面接近自己。

5 4 3 2 1

29. 怕玩沙土、水，有洁癖倾向。

5 4 3 2 1

30. 不喜欢直接视觉接触，常需用手来表达其需要。

5 4 3 2 1

31. 对危险和疼痛的反应迟钝或反应过于激烈。

5 4 3 2 1

32. 听而不见，过分安静，表情冷漠又无故嬉笑。

5　4　3　2　1

33. 过分安静或坚持奇怪的玩法。

5　4　3　2　1

34. 喜欢咬人，并且常咬固定的友伴，并无故碰坏东西。

5　4　3　2　1

35. 内向、软弱、爱哭，又常会触摸生殖器。

5　4　3　2　1

（三）本体感及协调能力

36. 穿脱衣裤、扣纽扣、拉拉链、系鞋带等动作缓慢、笨拙。

5　4　3　2　1

37. 顽固、偏执、不合群、孤僻。

5　4　3　2　1

38. 吃饭时常掉饭粒，控制不住口水。

5　4　3　2　1

39. 语言发音不清，语言能力发展缓慢。

5　4　3　2　1

40. 懒惰、动作慢、做事没有效率。

5　4　3　2　1

41. 不喜欢翻跟头、打滚和爬高。

5　4　3　2　1

42. 上幼儿园仍不会洗手、擦脸、剪纸，以及自己擦屁股。

5　4　3　2　1

43. 上幼儿园（大、中班）仍不会用筷子、拿笔、攀爬或荡秋千。

5　4　3　2　1

44. 对小伤特别敏感，依赖他人过度照料。

5　4　3　2　1

45. 不善于玩积木、组合东西、排队、投球。

5　4　3　2　1

46. 怕爬高、拒走平衡木。

5　4　3　2　1

47. 到新的环境很容易迷失方向。

5　4　3　2　1

（四）视听觉及学习能力

48. 看起来有正常智力，但学习阅读或做算术特别困难。

5　4　3　2　1

49. 阅读常跳字，抄写常漏字、漏行，写字笔画常颠倒。

5　4　3　2　1

50. 不专心，坐不住，上课常左右看。

5　4　3　2　1

51. 用蜡笔着色或用笔写字写不好，写字慢而且常超出格子外。

5　4　3　2　1

52. 看书容易眼酸，特别害怕数学。

5 4 3 2 1

53. 认字能力虽好，却不知其意义，而且无法组成较长的语句。

5 4 3 2 1

54. 混淆背景中的特殊图形，不易看出或认出。

5 4 3 2 1

55. 对老师的要求及作业无法有效完成，常有严重挫折感。

5 4 3 2 1

（五）10 岁以上儿童的家长填写以下问题：

56. 使用工具能力差，对劳作或家务事均做不好。

5 4 3 2 1

57. 自己的桌子或周围无法保持干净，收拾内务困难。

5 4 3 2 1

58. 对事情反应过于激烈，无法控制情绪，容易消极。

儿童的主要问题和困难：________________________

儿童的出生状况（如难产、剖宫产等）：____________

儿童早期（0 ～ 3 岁）由谁带大：__________________

以下由测评员评定：

评定结果	原始分	标准分
1. 前庭失调		
2. 触觉过分防御		
3. 本体感失调		
4. 学习能力发展不足		
5. 大年龄的特殊问题		
结果：	儿童感觉统合______ 度失调	

当然，这份由家长填写的感觉统合能力量表，由于不可能完全避免家长个人的主观看法，结果可能会与实际情况有一定的出入。

因此，治疗师还要结合儿童的其他测试结果，依赖观察和咨询经验做出合理的评价。其他心理测试最重要的还有智力测查和推理能力测验。

第 2 节

智力测验

一、中国比内测验（1982 年）

◎适用年龄：2 ~ 18 岁

◎施测方法：

— 先根据被测者年龄从测验指导书的附表中查到开始的试题，然后按指导书进行测验。

— 通过 1 题记 1 分，连续 5 题不通过停止测验。

— 将被测者答对题目的分数，加上承认他能通过的题目的分数，便得到其测验总分。

— 根据实际年龄和总分，从指导书的智商表中查得被测者的智商。

二、韦氏智力测验（1949 年）

目前，国内常用的儿童智力测查量表为韦氏儿童智力量表。它由美国韦克斯勒（D.Wechsler）教授制定，是继中国比内测验之后世界上应用最广泛的个人智力测量表之一。20 世纪 80 年代初，林传鼎和张厚粲先生对其做了修订，使该测验更适合中国儿童的特点。

◎适用年龄：6 ～ 16 岁

◎ WISC-R 分测验：

— 言语分测验：常识、相似性、算术、词汇、领悟。

— 操作分测验：填图、图片排列、积木图案、物体拼凑、译码。

— 补充分测验：数字广度、迷津。

◎施测步骤：

— 言语测验与操作测验交替进行，以维持儿童的兴趣，避免疲劳和厌倦。

◎记分方法：

— 基本同 WAIS-RC，所不同的是每个分测验的原始分数在转化为标准分时，是在儿童自己所属的年龄组内进行的。

◎韦氏测验的一般特点：

— 有 10 ～ 12 个分测验：多个分测验使我们不仅能得到总 IQ，还可以分析个体智力上的强点和弱点。

— 言语量表和操作量表由 5 ～ 6 个分测验组成。根据这种区分，施测者可以单独评价言语理解和知觉组织能力。

— 共同的 IQ 记分系统：对所有测验和所有的年龄组，IQ 的平均值为 100，标准差为 15。而且在每个分测验上，平均分为 10，标准差为 3。

— 不同年龄组有相同的分测验：这不仅方便施测者，而且有助于测验之间的相互比较。

◎施测注意事项：

— 先完成言语测验，再完成操作测验，一般一次完成。

— 算术、图片排列、积木、拼图、数字符号、物体拼凑有时间限制，另一些不限时间，但规定连续几次停止。

三、韦氏幼儿智力量表修订版（WPPSI–R）

◎适用年龄：3 ~ 7 岁零 3 个月

◎ WPPSI 分测验

— 言语分测验：常识、领悟、算术、词汇、相似性。

— 操作分测验：物体拼凑、几何图形、积木图案、迷津、填图。

— 补充分测验：句子、动物房子。

◎韦氏智力量表优点：

— 测验具有复杂的结构，不但有言语项目，还有操作项目，可同时提供 3 个智商分数和 10 个分测验分数。

— 用离差智商代替比率智商，既克服了计算成人智商的困难，又解决了在智商变异上长期困扰人们的问题。

— 整个韦氏测验的三套量表互相衔接，适用的年龄范围可从幼儿到老年。

◎韦氏智力量表的缺点：

— 韦氏量表对于测量智力极高和极低的被测者不大适用。

— 三套量表的衔接性较差。

— 施测程序复杂费时。

四、智力的个别差异

智商（分）	智力等级	占比（%）
130 以上	极超常	2.2
120 ～ 129	超常	6.7
110 ～ 119	高于平常	16.1
90 ～ 109	平常	50
80 ～ 89	低于平常	16.1
70 ～ 79	边界	6.7
69 以下	智力低下	2.2

智力低下的分级标准

智商（分）	分级	占比（%）
50 ～ 69	轻度	85%
35 ～ 49	中度	15%
20 ～ 34	重度	
19 以下	极重度	

对于儿童存在的智力问题，应该将家庭教育指导摆在重要的位置，相关内容将在下一章“家教指导”中详细介绍。帮助智力问题儿童的措施在许多方面需要得到家长的配合，比如儿童感知觉和动作协调能力训练、儿童生活自理能力训练、儿童语言和社会交往能力训练、儿童基本劳动技能和自立教育等大都以家庭训练为主。同时，相当部分有智力问题的儿童存在感觉统合失调，还需要结合较长周期、系统专业的感觉统合训练。

第3节

推理能力测验

瑞文标准推理测验（Raven's Standard Progressive Matrices，SPM）是英国心理学家瑞文（J.C.Raven）1938年设计的非文字智力测验，主要测量一个人的观察能力和清晰的形象思维推理能力。瑞文标准推理测验自问世以来，许多国家对它做了修订，直到现在仍广泛使用，有着重要的理论意义与实用价值。该测验旨在测试人的一般智力水平，尤其可以测量人解决问题的能力、观察力、思维能力、发现和利用自己所需的信息及适应社会生活的能力。它的主要特点是适用年龄范围宽（5.5～70岁），测验对象不受文化、种族、语言的限制，并且可以用于一些生理缺陷者，如聋哑儿童。测验既可以个别进行，也可以团体实施，使用方便，省时省力，结果解释直观简单，测验具有较高的信度和效度。该测验可以用于智力鉴定和人才选拔与培养。在感觉统合训练中，该测验常被用作前测和后测，帮助了解儿童的问题以及训练后鉴定儿童训练的效果。

一、瑞文标准推理测验的构成

瑞文标准推理测验一共由60题组成，分为5组，每组12

题。A、B、C、D、E 五组题目的难度逐步增加，每组题目也是按由易到难排列。每组题目所用解题思路基本一致，而且各组之间存在差异。直观上看，A 组题主要测知觉辨别力、图形比较、图形想象等；B 组题主要测类同、比较、图形组合等；C 组题主要测比较、推理图形组合；D 组题主要测系列关系、图形套合；E 组题主要测套合、互换等抽象推理能力。但实际完成作业时，解决各组问题都有各种能力的协同作用，不能截然分开。一般来说，完成前面的题目对解决后面的题目有帮助，完成先前一组题目对后面各组题目的解答有学习效应。这正是题目排列的用意所在。

二、瑞文标准推理测验的使用

不论团体施测或个别施测，应为每一个被测者准备一张答卷纸、一个测验图册，提供或要求被测者自备铅笔一支。一般正常 5.5 岁以上儿童与 65 岁以下成人均可用团体施测，其他则用个别施测。

测验一般无严格时限，待被测者完成后收回答卷纸与测验图册，一般被测者可在 40 分钟左右完成全部测验。

使用指导语施测：

先说："我们一起做一个有趣的练习，请你认真看，仔细想，认真做前面的题目则可以学会做后面的题目，下面我们开始。"

翻开测验图册的第 1 页，指着该页中的图 1 说："看这儿

（指上面的图案），你看这是一张切去一块的图案，下面这些块（指下面的选择答案），哪块放在缺损的地方合适呢？”

该测试的主要任务是要求被测者根据一个大图形中的符号或图案的规律，找出下面符合该规律的空缺部分的符号或图案。

主试与助理在被测者进行前 5 题时，应注意巡视，对不能理解答题方式或前 5 题基本不能正确回答者，单独重复指导语。被测者完成整个测验时，主试与助理也应该查看，如有填错题号者（即答卷纸上题号不对应），应及时提醒。

三、结果评定

根据标准分数对被测者智力水平做出评价。用百分等级表示的智力水平分级标准如下：

一级：测验标准分等于或超过同年龄常模组的 95%，为高水平智力。

二级：测验标准分在 75% 与 95% 之间，智力水平良好。

三级：测验标准分在 25% 与 75% 之间，为中等水平智力。

四级：测验标准分在 5% 与 25% 之间，智力水平中下。

五级：测验标准分低于 5%，为智力缺陷。

对分数做解释时应注意，所得分数并非终生不变，而受时空限制，且有时具有偶然性。所以对被测者的解释用词不要绝对化，分数解释可参考被测者的其他测试指标。

第 4 节

感觉统合训练的效果评测

训练进行了一个周期（20 次）要做一次总结，看一看训练的效果，根据目前的情况判断是否需要做相应的调整，是否存在新的问题，等等。一般，效果测评包括感觉统合能力测验、瑞文测验、特殊训练题分析、在学校和家里的观察。

一、感觉统合能力测验

要求家长根据孩子最近几天的表现填写感觉统合能力测查量表，计算得分。如果和原先的结果相比有所提高，说明训练有效果，而且提高越多，说明训练效果越好。注意不同家长在填表时会有主观评价上的差异，所以填表人必须是同一个家长。如果更换了填表人，则可能无法得出具有可比性的结果。

二、瑞文测验

瑞文测验是测试儿童推理能力的重要测验，在一定程度上显示了儿童智力发展的状况。经过一段时间的感觉统合训练后，儿童的自主性增强，注意力、控制力得以改善，解决问题的能力也有所提高，那么反应在瑞文测验中就会有不同程度的提高。因此，瑞文测验成绩的提高可以作为感觉统合训练效果测评的一部分。而且，大量实践结果表明：瑞文测验成绩与学习成绩呈现明显的正相关。

三、特殊训练题分析

特殊训练题一般都遵循由易到难的规律。平时做题出现一些疏漏都是可以理解的，因为难度的加大导致了一定的出错率。当然，这些题是经过精心安排的。因为每个孩子的问题不一样，问题程度也不一样，同样的题目对于一些孩子来说太难了，会挫伤孩子的积极性，而对另一些孩子来说又太简单了，达不到提高和改善的训练目的。因此，治疗师往往小心翼翼地给孩子提供尽可能适合的特殊训练题。同时，训练过程也是检验的过程。治疗师通常会在训练一个周期接近尾声时安排一两次的特殊训练题作为测验，其难度与训练刚开始时相当，以此来观察孩子的练习效果。然后将其与先前的测验成绩进行对比，就知道孩子在某些方面是否已经取得了进步。

四、在学校和家里的观察

作为训练效果的一个重要方面，在孩子训练前，治疗师就应该嘱咐家长平时细心观察儿童的行为变化。因为儿童的心理问题通常是通过行为问题表现出来的，对解决行为问题效果的鉴别关键是将行为量化。所谓行为量化就是将行为的频率、轻重程度做一个详细的记录。比如，孩子写作业慢，慢到什么程度，要每天认真观察记录。如果是因为注意力不能集中，做小动作，则每天记录孩子在开始作业的第几分钟开始走神或做小动作，持续记录一周后计算平均值，然后将孩子的注意力水平告诉孩子，并表示希望孩子能努力克制，积极改善。这一过程要按照分步原则，每次只要求其在原有水平上略有提高，哪怕只是保持，不可以要求太高，并且要争取孩子的积极配合。情绪问题要配合家教指导的具体方法，也可以适当做记录，比如每天产生情绪问题的次数、持续的时间或原因等，这些记录涉及具体的问题，有助于下次咨询时寻求解决问题的方法。许多家长在进行周期总结时就会非常清楚孩子最近取得的进步，并且有目的地提出下一步的训练目标。

五、家长反馈意见

为更好地改进和调整，我们要求家长认真填写家长意见反馈表，及时了解在儿童进行感觉统合训练过程中出现的问题。这将会有利于治疗师及时发现和解决问题，及时进行工作总结，分析下一步工作的重点。

儿童感觉统合训练家长意见反馈表

编号：

儿童姓名：________ 性别：________ 年龄：________

生日：__________年__________月__________日

IQ：____________________瑞文：____________________

感觉统合能力：____________________

已经训练了________________个疗程。

各位家长：

如果您的孩子已经参加过一段时间的感觉统合训练，您很可能对于训练会有自己的想法、体会或意见。为了系统地了解孩子的情况，更好地帮助孩子取得进步，请您认真填写下表：（见下页）

未参加训练之前，儿童的主要问题：
训练后，儿童的主要进步及不足：
家长的心得体会（包括教育方法、情绪、态度上的转变）： 家长姓名：　　　　　　联系方式：
对我们工作的意见和建议：

填表日期：　　　年　　　月　　　日

第 4 章
Chapter 4

感觉统合训练之家教咨询与指导

英英今年上小学二年级，老师经常跟家长说孩子在班上的学习情况。家长对孩子的学习抓得很严，为了配合学校教育，给孩子报了许多业余学习班。最近英英考试成绩不太理想，老师责怪她学习成绩下降了。孩子竟然不敢上学了，怕老师说她。家长很着急，不知道该怎么教育孩子。

感觉统合治疗师不仅会为儿童设计感觉统合训练的方案，提出解决问题的其他辅助方法和建议，还会尽可能地指导儿童的父母，帮助他们成为家庭辅助治疗师，并在治疗中及时地回答他们提出的问题。这些复杂的工作是十分必要且积极有效的，提高家庭教育质量不管对于家庭还是社会而言，都是一项具有积极而深远意义的事。

本章主要对许多家长经常遇到的问题给出相应的指导。

第1节

儿童感觉统合失调的早期预防

我们已经在第一章了解了感觉统合失调形成的原因，本章将重点对家长的抚育与儿童心理问题的关系做相关介绍。

一、重视胎儿期母亲的身心状况

准备要孩子的父母必须做好孕前的身体检查。孕妇的健康状况、情绪状态、习惯嗜好等对胎儿都会有影响。一些儿童感觉统合问题与胎位不正、营养不良、病毒感染、中毒、头部外伤等因素密切相关。因此准备怀孕的父母就应该主动调整自己的身体和心理状态，使之处于最佳状态。孕期应保持良好的心境、合理的营养、适度的运动、充足的睡眠，避免烟酒及一些药物。这些都对胎儿有益。认真做好围生期的保健，可以减少出生时早产、剖宫产、难产、新生儿窒息等问题的概率以及出生后颅脑损伤及感染的可能。

心理学家的研究表明，母亲怀孕时情绪处于应激状态、先兆流产、胎位不正等因素会影响孩子的心理健康，例如注意力、情绪、学习能力等。目前的物质条件和医疗保健水平能够有效地保证孩子的身体健康，家长更希望孩子情绪好、不爱哭闹、不太淘气等，这就需要母亲在怀孕时有良好的心理状态。但是，焦虑情绪常常困扰母亲。

（一）怀孕前

妻子常常焦虑：如果要了孩子工作怎么办？怀孕后自己是不是面目全非了？生孩子一定很痛苦吧？而紧张的情绪会导致内分泌紊乱，很难如愿怀孕。所以，在怀孕前半年夫妻二人就应该做好心理准备，把两个人的工作安排好，不要以为怀孕只是妻子一个人的事。不要在两个人特别紧张、焦虑、不愉快的情况下考虑怀孕。每天服用一粒维生素 E，可防止流产和色斑出现。

（二）怀孕的前三个月

母亲经常为保胎而烦心。而这一时期是胎儿发育大脑神经系统的关键时期，不要因为保胎而卧床不动。如果孕妇很少活动，会造成孩子大脑前庭神经系统功能发育不足，会影响注意力集中的能力。所以，要适当地活动，心情要放松，散步、听音乐、逛商店、和朋友聊天都可以使孕妇心情舒畅。母亲情绪处于压抑、愤怒、悲伤、紧张的状态下，极易造成胎儿缺氧，影响大脑神经系统的发育。

（三）怀孕中期

母亲会产生新的焦虑和不安：自己会不会生个傻孩子？孩子会不会缺胳膊少腿？会不会太小？怎么还不会动？……这时本来孩子在宫内的空间就越来越小了，母亲的情绪紧张会造成宫内缺氧，影响孩子大脑的发育和情绪。母亲可以去医院做全面检查，让自己安心。要多活动，学习防止胎位不正的方法，多听相声、轻音乐，参加适当的娱乐活动，让自己轻松、愉悦。

（四）怀孕后期

母亲比较关注孩子身体状况、体重大小、胎教、生孩子时的危险和痛苦、孩子的抚育等问题。这时应该为孩子出生做好准备，免得孩子出生以后手忙脚乱，定期去医院检查，向医生和长辈咨询。听那些可以让自己轻松、愉快的各种音乐，而不是每天固定听千篇一律的胎教音乐。接触丰富多彩的大自然，多做户外活动，让自己心情舒畅，不要多虑。

在孩子还未出生时，母亲应该把紧张焦虑的情绪换作有条不紊的准备行动，多读一些有关儿童心理学、婴幼儿早期训练方法的书，学习及早训练孩子抬头、翻身、坐、爬行、抓握、视觉、听觉、触觉、平衡觉等，这些准备活动有利于孩子将来学习能力的发展。

总之，轻松愉快的心情和适当的活动对胎儿的健康成长特别重要。

二、重视 0 ~ 3 岁儿童早期教育

0 ~ 3 岁儿童的早期教育要注意适时、适度、因人而异，否则拔苗助长只会对孩子造成伤害，导致感觉统合失调。注意儿童全面、协调地发展能最大限度地开发其潜能。这一阶段儿童的教育问题在以前常被忽略，实际上它可以在很大程度上决定儿童今后发展的优劣。同时这一阶段又涉及许多家长的困惑和烦恼，父母可能会忽视这一重要阶段，认为孩子小，吃饱穿暖就行了。他们可能会因工作忙而让老人或保姆照看孩子，而老人和保姆往往用较传统的不适合现代社会需要的方式抚育幼儿，加上老人大多精力不济、保姆害怕幼儿受伤而过度保护，使得孩子出现问题的概率很高。直到孩子已经出现了很多严重问题家长才不得不到有关机构咨询，此时一些问题甚至已经很难纠正。即使知道这一阶段重要性的家长也可能会因缺乏经验和科学依据对有些儿童的行为和表现不知所措。让我们先来了解一些有关 0 ~ 3 岁儿童的心理学理论和容易出现的问题。

（一）依恋关系

儿童的成长不仅仅是生理发育的过程，还是不断社会化的过程。要使儿童产生满意的社会性发展，早期儿童与父母之间的良好关系非常重要。这种关系的亲密性对儿童今后的心理成熟、社会适应具有重要意义。

依恋是孩子在两岁前与母亲或主要抚养人之间建立的一

种特殊的情感联结纽带。母亲不仅能满足婴儿的生理需求和情感的“饥饿”，还是孩子心理上的“安全岛”和快乐的源泉。只要母亲在孩子身边，孩子就能安心、愉快地玩耍，探索周围的环境。而陌生人的突然到来，用眼睛盯着孩子看，走到近前要从妈妈怀里抱走孩子，这对七八个月的孩子来说是一种心理刺激，将会使孩子感到不安、恐惧，甚至哭泣、大喊大叫。

1. 亲子依恋类型

运用标准的“陌生情境”实验，可以测查并区分出三种不同的亲子依恋类型。

（1）安全型依恋：只要母亲在场，他就感到足够的安全，能在陌生环境中进行积极的探索和玩耍，对陌生人的反应也比较积极。当母亲离开时，他明显地表现出苦恼和不安，想寻找母亲。当母亲回来时，他又很容易平静下来，继续去做游戏。

（2）反抗型依恋（也称矛盾型依恋）：这类婴儿每当母亲离开时都大喊大叫，极度反抗。但当母亲回来时，他对母亲的态度又是矛盾的，既寻求母亲的安抚，又拒绝母亲的接触，并不时地朝母亲这里看。

（3）回避型依恋：母亲离开或回来他都无所谓，实际上这类婴儿与母亲并没有建立起特殊的情感联结。

在这三种依恋类型中，安全型依恋是良好、积极的依恋，而反抗型和回避型依恋则是消极、不良的依恋。

亲子依恋的类型是母子间相互作用的产物。母亲与婴儿交往的态度、行为以及婴儿本身的气质特点是影响婴儿形成不同依恋类型的两个主要因素。如果母亲对孩子的痛苦有非常快的反应，表现更多的积极情感，并把自己的行为与孩子的需要相匹配，其孩子常常是安全型依恋的婴儿。如果母亲对孩子的行为反应不能保持一致，有时敏感，有时迟钝，有时又依据自己的情绪干涉孩子的行为，其孩子常常是反抗型依恋。如果母亲有生硬和冲动的倾向，更多地根据自己的情感进行反应，而不是对孩子的情感做出反应，并且不愿意表现出与孩子的身体接触，特别是在孩子痛苦的时候不表现这些行为，其孩子常常是回避型依恋。研究发现，婴儿的气质特点也经常强烈地影响着母亲对孩子的态度和行为：那些见人就笑、喜欢被人抱的婴儿更易得到母亲的欢心；而那些不喜欢被人抱、不愿意被抚慰的婴儿则较少得到母亲的关爱。而母亲对孩子的态度及行为又反过来影响孩子形成不同的依恋类型。

2. 如何建立积极的依恋关系

建立牢固的积极的依恋关系是培养孩子良好心理品质的基础。从半岁至一岁半，是孩子与母亲形成巩固的亲子依恋关系的敏感期。母亲不要长期离开自己的孩子，而且，只要孩子乐意，母亲就要给予孩子更多的爱抚、帮助和鼓励，无论是充满感情的言语表达还是搂抱、亲吻等身体的接触。要知道，这时的孩子是一个爱的“消费者”，只有及时而充分地享受母爱，他才能与母亲建立起积极而牢固的依恋关系，才能建立起对他所降生的这个世界的信任。同时，母亲还要尽量拓宽孩子的接触面，让孩子有机会在各种陌生环境中经受“锻炼”和“考验”。“行为脱敏法”是让孩子克服怯生，适应陌生环境的常用方法：当客人到来时，母亲首先把孩子抱在怀里，不要急于走近客人，要用母亲对客人热情的态度和友好的气氛去感染孩子，使他消除戒心，学会“信任”客人。然后让客人逐渐接近孩子，可以先给孩子一个漂亮的玩具。如果客人也带着自己的孩子，就可以让客人抱着孩子与你的孩子接触。这会受到孩子的欢迎。如果客人靠近孩子时，孩子流露出害怕的表情，母亲应立即抱孩子离远些，与客人谈笑，待一会儿再靠近，使孩子逐渐适应、熟悉客人。

要让孩子及早步入“同龄小社会”，鼓励他与年龄相仿或稍大的孩子接触、玩耍。特别是孩子一岁半以后，要有意识地让孩子进入从家里走向外界的过渡期。要把孩子从大人的“翅膀底下”放出来，去接触其他小朋友，去探索自然环境，去发挥好奇心，去锻炼独立性，而不要过度限制或保护孩子。这样，勇敢、自信、豁达、友爱、善于与人相处、富有同情心和竞争心等现代素质就会在孩子的心里扎下根，为孩子在未来社会中拥有健康、成功和幸福奠定基础。

（二）母婴关系和婴幼儿气质

1. 母婴关系

在婴幼儿成长过程中，家庭影响是非常重要的。并且在家庭内部，又以母亲与婴幼儿的关系最为重要。在婴幼儿时期，尤其是在 1 岁以内，儿童唯一的社会关系可能就是与父母的关系，特别是与母亲。无疑，婴幼儿能否得以健康成长，将在很大程度上取决于婴幼儿与母亲的关系，即母婴关系。

长期以来，在对母婴关系性质的问题上，存在着两种不正确的认识。

母婴关系中的第一种错误观点是：所有孩子生下来时都是一样的，是父母（及家庭其他抚养人）的抚养行为完全的被动接受者，是父母的不同抚养行为、育儿方式、态度等将孩子塑造成为不同的人。这种认识是片面的。

首先，母婴关系并非一种只有母亲影响婴儿的单向关系，而是一种相互作用的关系。母亲能够影响婴儿，婴儿同样能够影响母亲。

其次，并非所有新生儿都是一样的。尽管新生儿都有一些基本的生理反射（如吞咽反射、吸吮反射、拥抱反射等）和共同的生理需求，但新生儿之间的差别更是显而易见。这不仅仅表现在相貌、体形方面，而是更多地体现于婴儿的情绪、心境、气质等方面。正是这些个体差异决定了婴儿在接受父母的喂养、亲情、护理等抚养行为的同时，将对父母的情绪及行为等产生深刻的影响。

近年来的研究充分证明：新生儿就已具有令人惊奇的（虽然是有限的）感觉能力、行为能力和适应能力。出生不久的婴儿耳朵能听、鼻子能嗅、眼睛能看，喜爱看人脸，能在一定的时间内保持视觉固定和视觉跟踪，并且会因为快乐而微笑，因为痛苦而啼哭。甚至婴儿对母亲的形象会有一种特殊的身体上的移情（physical empathy），表现在能感受到母亲的情绪状态：当母亲感到焦虑时，婴儿也会感到焦虑；当母亲心情宁静时，婴儿也会感到宁静。婴儿的各种能力随着年龄增长将不断发展，其对母亲及家庭的影响力更是与日俱增。一个生理需求获得满足的婴儿（刚刚喂饱，躺在母亲温暖的怀抱中），带着兴奋的目光注视着母亲，不时地发出微笑或愉快地舞动四肢。这样的情景将对母亲产生非常积极的作用。她会感到满足与自豪、喜悦与自信。相反，当一个需要似乎总也得不到满足的婴儿，面对母亲深情的目光，令人烦躁地闭着眼睛大声哭喊时，母亲的焦虑、担心、失望与不安的情绪将伴随而至。忽视婴儿在母婴关系中的作用，很容易使人们形成所谓“好妈妈”和“坏妈妈”的错误理解。因为既然婴儿是完全由父母塑造的，那么能将婴儿哺养得体格健壮、心境愉快、聪颖伶俐的母亲，理所当然的是一个“好妈妈”，相反，就是“坏妈妈”。

这种认识不仅忽视了婴儿气质、情绪、能力对母亲的作用，同时还忽视了母亲的个性、父亲的作用，以及家庭其他环境因素对婴儿成长的影响。不可否认，确有个别母亲对婴儿的养育态度是不负责任并应受到指责的。但是大多数母亲有正常的个性，或活泼好动或安静害羞。大多数母亲有合乎情理的对婴儿的期望，期望得到一个安静、漂亮的女孩，或一个活泼、粗壮结实的男孩。这种期望不仅与母亲有关，也与父亲、家庭、社会有关。年轻母亲缺乏育儿的经验，而来自家庭或保健人员的帮助或许不充分。在育儿实践中，这些因素也会发生相互作用。比如，喜欢安静的母亲生下了一个符合自己及家庭期望的安静型女孩，各方面的支持充分，婴儿健康地成长。缺乏经验的母亲有了一个“抚养困难型”孩子。孩子性别、相貌与父母、家庭期望不符，并且孩子的成长过程中不时地出现这样或那样的问题。前一位母亲成为“好妈妈”有其母亲自身的因素，亦有婴儿自身因素及家庭与环境因素。而后一位母亲则是不能被任意指责为“坏妈妈”的。虽然在母婴关系中，十分强调母亲应该根据婴儿的个性特点调整自己的抚养行为，增强对婴儿情绪的敏感性，等等，但成功地抚养一个婴儿，父亲、家庭以及环境因素，甚至整个社会的支持都是不可少的。“好孩子”的背后除了有“好妈妈”，还有“好爸爸”“好家庭”，等等。

母婴关系中的第二种错误观点与第一种观点正好相反，认为母亲及家庭对于婴儿的发展并不重要。对于婴儿来说，只要生理需要不断得到满足，并拥有一个卫生清洁的环境，他就能够健康地成长。这显然是不正确的。仅仅以营养丰富的无菌配方奶是培养不出健康婴儿的。婴儿需要关心，需要爱，需要各种感觉刺激和感情投入。正是父母提供了这些精神营养。斯皮茨（René Spitz）于 20 世纪 40 年代曾经对在三组不同环境中的婴儿进行比较：第一组婴儿在家庭中由父母抚养；第二组在监狱的育婴室由服刑的母亲抚养；最后一组是弃婴，在一个干净卫生却缺乏情感的育婴机构中抚养。斯皮茨发现，第一、二组婴儿的生长发育是正常的，而第三组的婴儿从 2 月龄开始就表现出极易患病；到两岁时，26 个婴儿中仅有两个婴儿会说简单的词语以及独立行走。斯皮茨认为，因为第三组的婴儿被剥夺最低限度的与人类的接触机会，导致了其发育落后、患上疾病乃至死亡。美国动物心理学家哈洛（H. F. Harlow）进行的隔离实验也证明了幼年罗猴缺乏母爱仅有食物是不能正常发育的。

概括起来，母婴关系首先是一种动态的母婴之间双向相互作用的关系。母亲影响婴儿，婴儿也影响母亲。婴儿接受母亲给予的营养，感受母亲的亲情、爱护及感觉刺激，同时依照其独特的气质特点，通过不同的情绪及不同的行为模式表达其对母亲抚养行为的态度。而母亲同样依据自己的个性和行为方式，带着一定的期望抚养婴儿，同时接受婴儿情绪、气质行为的影响（也受到家庭及外界环境因素的影响），调整自己的行为结构和育儿方式方法。

其次，母婴关系是一种不对称的相互作用关系。一方面，母亲在这个关系中的作用具有相对支配性（例如当婴儿因饥饿而啼哭需要哺乳时，母亲可能立即给予满足，亦可能稍等片刻）。而婴儿是相对被动的。另一方面，在需要与给予的内容、形式和方法效果上，母亲与婴儿之间都是各不相同的。从物质需要的角度来看，母亲几乎为婴儿提供了一切，而婴儿提供给父母的似乎就是不断生长发育的个体。从情感上来看，父母给予婴儿的是亲情的爱护，而婴儿用快乐的微笑使父母得到满足。婴儿与母亲之间关系的不对称是显而易见的。随着婴儿的长大，亲子关系会发生一定的变化，但总是不对称的。伴随着不对称的双向相互作用的母婴关系，婴儿在成长，父母同样也在发展。尽管目前还不能确定父母抚养方式与儿童行为之间的因果关系，但是可以相信，协调的亲子关系对儿童成长是有利的，儿童的个性得到了充分发挥，父母“望子成龙”的愿望得以实现。相反，不协调的亲子关系则可能阻碍儿童的健康发展。

对于母亲来说，她们应该注意在满足婴儿饥、渴等基本生理需求的同时，也要给予婴儿关心、爱护和适当的感觉刺激，了解和重视婴儿的气质特点，掌握婴儿的情绪规律，并根据婴儿的这些特点，在家庭及社会的支持下调节自己的抚养行为以适应婴儿的要求。同时，注意引导婴儿行为向着社会化要求的方向发展。

2. 婴幼儿气质

（1）婴幼儿气质类型

在产院婴儿室工作的护士特别容易观察到，同样是刚刚出生的婴儿，有的婴儿特别喜欢啼哭，有的婴儿表现得非常安静；有的婴儿吸奶专心致志，15 分钟吸空母亲的一侧乳房，又转而去吸另一侧乳房，而有的婴儿吸奶时，吸 2 分钟停 1 分钟，头东转西晃。在大小便、睡眠时间等方面婴儿也表现出各自的特点，充分体现出了每个婴儿独特的气质类型。

布拉泽尔顿教授在他的《婴儿与母亲》一书中，曾生动地描绘了三个婴儿路易斯、劳拉及丹尼尔自出生至12个月所表现出来的气质特征。劳拉从一出生就明显地不活跃，总是安静地躺在床上，极少啼哭。甚至当护士为她滴眼药水、注射维生素时，她也只是皱眉或睁大眼睛，不惊也不哭。她的安静甚至使妈妈感到担心。劳拉吃奶很快，喜睡不易醒，安静而又敏感。她被认为是安静型的婴儿。与劳拉形成鲜明对比的是丹尼尔，他甚至在母亲子宫内时就显得很活跃。他是“啼哭着挣扎出世的”。出生后，丹尼尔喜欢大声啼哭，有时甚至号哭至面色发紫，常常四肢手舞足蹈，大口吐奶，每日只睡12小时。丹尼尔属活泼型婴儿。介于活泼与安静型之间的是路易斯，布拉泽尔顿将其定义为中间型婴儿。事实上，在活泼与安静这两个极端气质类型之间的中间型有很多，这反映出婴儿的不同。布拉泽尔顿认为，无论是安静型、中间型还是活泼型婴儿，都是正常的婴儿。在环境的影响下他们将朝着各自不同的方向发展。虽然也会存在冲突，父母应该针对婴儿不同的气质特点采取相应的养育措施，使婴儿朝着良好的个性方向发展。布拉泽尔顿对婴儿气质形象而通俗的分型显然是从亚历山大·托马斯（A. Thomas）等人对婴幼儿气质研究中得到了启发。下面我们来介绍托马斯的研究。

时至今日，还是有很多母亲仍常常因为婴儿的“不正常”行为受到责备。当婴儿哭得厉害时，母亲会被认为没有很好地理解婴儿诸如饥饿、排泄、孤独的信号。如果婴儿夜里不肯睡觉，也是因为母亲白天让孩子睡得太多。当一个每天拉一两次大便的婴儿在某一天排了 5 次黄软大便时，那一定是因为母亲的乳汁不好或是昨晚睡觉没有给婴儿盖好被子。甚至连母亲也会因此而深深地自责。不可否认，母亲的敏感性对婴儿的情绪和行为是重要的（如前所述），但在很多情况下，这是由于婴儿的气质差异所决定的。

托马斯等人于 20 世纪 50 年代起曾经对 140 名儿童自出生起直至成年进行了近 20 年的追踪研究。结果发现，婴幼儿在气质方面表现出来的差异是明显的。在活动方面，有的婴儿一天醒着 9 个小时；而有的婴儿一天醒着 16 小时，两类婴儿都是健康正常的，但其睡眠时间相差了 7 个小时。有的婴儿爱洗澡，而有的婴儿洗澡时尖叫不停；有些婴儿表现出规律的睡眠时间，而有些婴儿的生活却缺乏规律。在情绪心境方面，有的婴儿总是安静愉快，而有的婴儿却常常缺乏满足。托马斯等人从九个不同的方面，对 85 个家庭的两岁以下婴幼儿的气质进行了全面系统的观察，这九个方面是：

①活动水平：活动期与不活动期之比。

②生理机能节律性：包括饥饿、排泄、睡眠与觉醒的节律。

③分心：外部刺激改变行为的程度。

④探究与退缩：对新的环境或人的反应。

⑤适应性：儿童适应环境变化的能力。

⑥注意广度与持久性：专心于活动的时间，分心对活动的影响。

⑦反应强度：反应的能量，不管它的方向和性质。

⑧反应性时限：唤起一个可以分辨反应所需的刺激（声、光及其他感觉刺激）强度。

⑨心境的性质：友好、高兴的行为与不高兴、不友好的行为相比。

托马斯等根据婴儿在这九个气质特征方面的表现，将婴儿的气质划分为三种类型：

①容易抚养型（Easy）（占 40%）。

②启动缓慢型（Slow-to-warm-up）（占 15%）。

③抚育困难型（Difficult）（占 10%）。

托马斯等人的研究使人们充分地认识到了婴儿的个体差异。

此外，雪弗（L. Shaffer）等把婴儿气质分成拥抱型和非拥抱型。拥抱型婴儿喜欢与父母进行身体接触，对父母的拥抱、亲吻及其他积极情感活动表现出积极的情绪回应。非拥抱型婴儿则对父母的上述行为表现出较低的兴趣和反应水平。

（2）婴幼儿气质的稳定性与变化性

一般认为，气质是神经系统的特性，遗传及生物性因素对气质及气质类型具有决定性作用。因而当婴儿降生时，其气质类型已由先天遗传的生理基础所决定。气质遗传的决定性作用还体现在气质稳定性上。气质稳定性主要表现在两方面：

①一定的气质特征体现于婴幼儿的各个方面，如生理机能、活动水平、心境等，这也正是气质分型的基础。例如：活泼型婴儿喜动，睡眠缺乏节律，情绪易变。用一个小学生的例子更能说明这点，活泼型的小学生往往情绪易激动，上课时经常举手发言，考试时心神不定，参加体育比赛沉不住气，等等。

②气质的稳定性还表现在婴幼儿随着年龄的增长，其气质特点总是保持相对稳定，乃至成年。心理学家研究发现，儿童或成年人的内向气质特点往往在婴幼儿期就已经体现出来了。一个在出生 2 个月就表现睡眠节律不规则、吸奶多少不定的婴儿，到 5 岁时仍可能是吃饭一顿多、两顿少、睡眠时间也常不一样。人们推测这类婴儿有很大的概率可能在成年时形成胆汁质的气质。托马斯等对婴儿气质的追踪研究也说明了气质稳定性（见下表）。

附表：儿童不同年龄气质稳定性表现

年龄维度	2 个月	1 岁	2 岁	5 岁
活动水平（高）	换尿布时速度较快	穿衣服、吃饭比较快	在家具上爬上爬下	跑跳不停，吃饭也不老实（动作多）
节律性（不规律）	每天睡醒时间常不一样，吸奶多少也不一样	需要较长时间才能入睡	每天小睡的时间常不一样，大便没规律	吃饭多少和大便时间经常变化

续表

年龄维度	2个月	1岁	2岁	5岁
注意力分散度（低）	哭的时候换尿布不能停止	玩玩具时用别的东西吸引也不分心	如果没给想要的东西就哭叫	专注游戏时不理会母亲的呼唤
趋/避性（趋）	初次用奶瓶吃奶就很喜欢	很喜欢亲近陌生人	在奶奶家第一次过夜睡得很好	很愿意去幼儿园或上学前班

然而，气质的稳定性并不意味着完全不起变化。在生活环境及教育条件下，气质可以掩蔽，有时甚至可以明显改造。“抚养困难型”婴儿，如果母亲能够有耐心，同时对婴儿的各种反应表现敏感并接受，婴儿也会渐渐变得容易抚育。即使是青少年的气质类型，通过有计划、有系统的教育以及教育者和受教育者的自觉努力，也是可以发生改变的。例如，心理学家格·富尔顿纳多夫曾举例：动不动就伤心、烦恼、啼哭的女孩在几年间，学校集体曾引导她积极地参加社会工作，委托她担负一些重大的事情，后来，这个带有抑郁质特点的女孩子在许多方面都克服了胆怯、孤僻。她学会了更好地控制自己的情感，养成了主动、独立、不怕困难与障碍的习惯。

三、儿童以游戏为生命

正如我国著名儿童心理学家陈鹤琴所说：“儿童是以游戏为生命的。”游戏是儿童生活中的大事，在儿童心理发展中起着重要作用。

首先，游戏可以推动儿童认知的发展，允许儿童自由地探索周围的事物，促进儿童感知觉、运动、语言、思维、记忆、想象等能力的发展，有利于儿童智力的发展。

其次，游戏可以推动儿童社会交往能力的发展。有些游戏需要与同伴互相合作，让儿童在处理所遇到的问题过程中逐渐学会互让、互爱。尤其是在想象性游戏中，儿童学会了了解别人，还可以实践一下自己想要担当的角色。

最后，在游戏中，儿童受到新奇、愉快的刺激，有助于儿童良好情绪的发展。同时，在没有成人的威胁下，儿童的一些情绪问题得到解决，学会了处理焦虑和内心冲突。

四、注意儿童良好行为习惯的培养

良好的行为习惯是决定一个人人格和体质的重要因素。许多调查研究表明：一个人成才的关键因素不是智力，而是优良的习惯和个性。培养孩子良好的习惯应依据儿童不同年龄及身体状况、兴趣等特征，遵循以下原则来进行：持之以恒的训练；多鼓励，多示范，少批评，少说教；对孩子提要求时起点要低，方法要活，要求要严；允许孩子犯错误；对孩子已经形成的习惯要注意考察和修正。儿童的良好行为包括生活习惯、品德习惯、卫生习惯、学习习惯等。培养儿童的良好行为习惯，要全面具体，不能以偏概全。如果特别重视一些方面而忽视其他方面，势必形成日后儿童发展过程中的问题。总之，良好习惯的形成不是一两天就能完成的，而是一个需要耐心、不断养成、不断巩固提高的过程。

在培养儿童良好行为习惯的过程中，有些问题是需要家长足够重视的。比如孩子的用脑卫生问题。我们知道，大脑有其自身的活动规律，仅占人的体重 1/15 的大脑却消耗了人体内 1/5 的氧。大脑的神经活动是兴奋和抑制交替出现的。过度的疲劳和大脑缺氧都会影响大脑的工作效率，严重时甚至可能引发神经系统的某些疾病。因此，科学用脑、注意用脑卫生是儿童生理、心理健康发展的保障，也是值得家长注意的问题。父母要重视孩子的用脑卫生，帮助孩子形成有节奏的生活方式，有张有弛、劳逸结合、防止过度疲劳。无规律、无节奏的生活会使孩子心绪不宁，滋长懒散、游手好闲的坏习气，从而出现心理问题。用脑时间过长、智力负担过重、精神刺激过大，都会影响大脑神经活动，危害儿童的健康。当然，大脑的健康与充足的睡眠、合理的饮食、适宜的运动、愉快的家庭氛围等都是分不开的。这些都离不开家长充满爱心的持久关注。

第 2 节

家务劳动与儿童的心理成长

在儿童咨询门诊，经常有家长说他们几乎不让孩子做家务。他们的理由主要有三点：

第一，现在生活水平提高了，家里有保姆，我们自己都不做，还要这么小的孩子做什么？

第二，老人们惯孩子惯得不行，有什么事他们都替孩子干了，哪能让孩子做家务？

第三，孩子做事太慢，有教他的时间还不如自己做了更利索。上学以后就更没有时间了，他连自己的作业还写不完呢！

他们说得似乎也有道理，但是我们发现：不做家务的孩子大都存在这样那样的问题。尤其是在上学以后，问题就逐渐显露出来了。因为孩子从小就习惯了只管吃和玩的生活方式，现在上学了，行为规范哪能那么快就纠正过来呢？他们有的因为无法控制自己的行为，上课不能专心听讲，课后又不能或很难完成老师布置的作业；他们有的经常丢三落四，不会整理自己的东西，与人交往时总是以自我为中心，很难考虑别人的需要和感受；有的则缺乏自信，在需要表现自己的场合总是很退缩，认为自己不如别人。他们也不希望自己总是这种状态，但也不知道自己究竟怎么了。本来很聪明的孩子给人的感觉却是存在某些方面的障碍。家长也不明白到底是什么原因，自己也没比其他家长少为孩子操心，可是结果好像是问题越管越多，而且越来越难管了……

其实，家长不要求孩子做家务，孩子将来很容易出现以下问题：

第一，孩子渐渐会认为：我只要管我自己的事就行了。当孩子的这种想法得到多次验证后，“家长是永远为我服务的”这种思想就根深蒂固了，无法站在已有的经验高度上体会对他人的责任心，包括对父母。

第二，由于孩子很少有机会自己动手做事情，精细运动的能力没有得到及早地训练，以后在学习的时候会因手眼不协调而出现写作业时的困难。这种学业上的挫折感会强化他们的不自信，导致在许多时候表现得畏首畏尾。

第三，在家长无微不至的呵护下，有的孩子甚至到了 6 岁还由家长喂饭，到了 8 岁还不会系鞋带。他们养成了很强的依赖性。因为孩子的一切都是由家长来安排，所以很多事情孩子都不能独立完成。写作业需要人陪，许多生活细节要靠家长照料，去哪儿都要接送。家长对此常常感到特别疲惫，情绪经常因此失控。而且孩子由于长期受到这种过分细致和模式化的照料，又耳濡目染父母的焦虑情绪，他们不满于家长的控制和支配，又无力反抗，性格就会变得更加敏感、急躁，爱发脾气，很难与人合作，难以承受生活中的各种变化。

许多心理问题由此埋下了种子。与此相反，从小就积极参与家务劳动的孩子在许多方面都显示出他们的优点。

首先，家务劳动能训练孩子的注意力、手眼协调性、动作组织能力、动作反应能力。比如，如果孩子在刷碗时注意力不集中，碗就很可能会滑落打碎；缝扣子时如果不小心，就容易被针扎了手。他们当然不愿意出现这些情况，会尽量避免。在无数次的努力尽量避免和克服困难的过程中，孩子做事也变得更加专心、更加仔细了。顺便提一下，当孩子在家务中或其他活动中遇到麻烦，比如不小心摔倒或是打碎了碗碟、不小心划伤了手，家长要尽量克制自己对孩子的怜悯之情，不要对所出现的情景表现得大惊小怪，而要以适当的方式对事情进行组织安排，从而帮助孩子更有效地处理困境，让孩子在一定程度上接受自己行为的自然结果。这对孩子而言是非常有益的经历。

第二，参加家务劳动还磨炼了孩子的毅力，增强了孩子的自控能力。因为家务劳动不可能像玩游戏那样可以很随意，想玩就玩，不想玩就不玩。家务劳动往往带有一定的强制性和约束力，是一定时间内必须要做的事，不可能太随意。现实生活中，有法律、道德规范、舆论等约束，让孩子从小了解规范的社会行为，才能帮助孩子在长大后更自然、更顺利地适应社会。

第三，家务劳动能培养孩子的责任心和同情心，使孩子能够体会家长的辛苦。参与家务劳动可以让孩子能够替他人着想，主动分担家庭的责任，可以激发他们学习的欲望，让他们体会到需要依靠劳动来生存的感觉。因为责任心不是停留在口头上的一句空话，它体现在实实在在的生活中，体现在遇到问题时所表现的态度和行为中。

第四，学习做家务有助于提高孩子的生存能力、应对挫折的能力，也有助于培养孩子的自信心和主动性。父母偶尔不在家，孩子也能照顾好自己。因为减轻了家长负担，得到家长真诚的鼓励和肯定，孩子获得了更多的自信和成就感。这种积极的情绪对孩子健康人格的塑造非常有益。

既然做家务有这么多好处，那么如何让孩子参与家务劳动呢？这里先说一个关键期，就是当孩子三四岁的时候，由于模仿能力很强，又有积极主动探索外面世界的愿望和行为，并且由于自我意识的觉醒，他们开始尝试参与成年人的活动，偶尔会主动要求帮父母扫地、擦桌子、洗衣服等。这时最重要的是鼓励他们的这种行为。虽然他们能力有限，结果不能令父母满意，甚至将做家务当成做游戏，但是一定要保留孩子的这份热情，要给他们动手的机会。只有给予孩子做家务的机会，孩子才能在反复练习中越做越好。同时，他们也将随着年龄的增长学会做更多的事。如果总是伴随着父母的耐心鼓励和赞美，他们不知不觉地就成长起来了。即使父母不在家，他也完全能够照顾好自己。这样一来，父母就可以腾出精力做其他事情了，孩子的能力、个性、责任心也得到了良好的发展。这一过程显得那样平和、健康和自然。

孩子应该从 5 岁开始学做家务。如果到了 9 岁以后才要求他做，他会产生懒惰、抗拒和逃避的心理。他可能会想："为什么要让我干呢？你们为什么不像以前那样呵护我了？难道你们不爱我了？"即使他们思想上知道做家务对自身的成长有益，但是由于做家务需要技巧和毅力，他们往往在这两方面都比较欠缺（缺乏磨炼），一旦遇到较大的困难，就无法坚持下去。加上多数家长缺乏耐心，恨铁不成钢，难免会训斥孩子或说一些令人沮丧的话。父母原来指望自己付出劳动给孩子创造最好的学习条件，孩子就应该百分百地报答他们的付出，结果事与愿违。父母的这种不满、抱怨、焦虑甚至敌对情绪会使问题更加恶化。

家长可以先和孩子谈谈自己的想法。比如这样说："我们一直都很爱你。只要是对你有好处的事情，我们都愿意做。以前我们帮你做了很多其实靠你自己的努力也可以做的事，觉得那样做是爱你的。现在看来，这种做法使得你失去了许多自己参与和学习的宝贵机会，你在同学面前显得不如他们那样好了。我们也感到应该多给你一些机会，这样你才能更开心，生活得更好。"

在重新给孩子任务的时候，不能太急，要一点点来。开始时，可以给孩子一两件简单的任务，鼓励孩子要自信，并且坚持下去。一旦孩子行为出现反复，就讲道理给他听。家长要耐心，不能烦，要始终坚持。这种坚持和耐心是对孩子的最真的爱。这种爱帮助孩子提高了自己的能力，并从中获得了自信。让孩子可以不必依赖别人而独立完成许多事，真正身心健康地成长起来。将来，这些能力和品质将伴随孩子的一生，使他可以获得更多的自由，做自己想做的事，独自面对人生中的重大问题——这才是给了孩子真正的幸福。

让孩子学习生活自理能力，要根据孩子年龄、能力的不同提出不同的要求。只要孩子努力尝试，就要及时地对他们的努力进行鼓励。在一些技术性较强的任务上，更要付出较大的耐心，家长可以将较难的动作分解成几个较容易完成的小动作，先给孩子演示几遍。当孩子看明白以后就会去学。此时再鼓励他多练习几遍，情况就会向好的方面转化。同时，要知道情绪有时会起到关键作用，尤其对于青春期的孩子，要先和他们沟通思想，平等对话，倾听他们的想法、困难和需要，恰到好处地调动他们的积极性，这往往比其他方面的努力更为关键。

第 3 节

儿童的学习动力与厌学问题

我们所说的学习指因经验而产生行为的改变或具备了行为改变的潜势。几乎所有非本能的行为都是经由学习获得的，比如语言、动作……现在许多家庭都是一个或两个孩子，对孩子的关注自然特别多。早期教育专家也一再倡导反复教化。家长在孩子成长中的作用如同脚手架。这就是说，儿童的成长就如同建高楼，需要孩子自己去添砖加瓦。家长在这一过程中，始终是关注的、支持的、提供指导的，但最终还是要让孩子自己去实践。如果家长总是代劳，那么当脚手架卸掉之时，就是孩子面临危机之时。

一、儿童学习的动机是什么?

儿童为什么学习？他们的学习是自发自愿的，还是在环境逼迫下勉强而为之呢?

我们先假设学习是被动的，那么一个孩子不会走路，也不想走路，我们怎样才能操纵他的双腿行走，同时又保持身体的平衡与协调呢？根本办不到。幸好人有天然的好奇心和求知欲，随着年龄的增长，认知和思维水平的提高，孩子有着强烈的探索外界的欲望和冲动。这种冲动，使他们不断活动自己，提高协调性和适应性，满足探索的欲望。

为什么有些孩子的学习是被动的呢？那是因为人既有记忆的能力，又有追求快乐的本能。当孩子因为接触某些事物获得不愉快的体验后，就会不由自主地逃避类似的事物。这些不愉快的体验包括受指责、受冷落、受惊吓……当孩子学习的时候，家长如果总是说："怎么这么笨？怎么这么慢？邻居的某某比你强多了……"这就使孩子心中充满了失败感。以后孩子再遇到类似的情境，这种失败感就会一下子充满内心。当他本能地逃避这种不愉快时，就出现了分心、厌学、发脾气……

如果家长们能多一点儿耐心和宽容，不批评指责孩子，而是找原因帮助孩子，多让孩子体会学习后的成就感，那么孩子还用家长逼着学习吗？

孩子的学习动机主要有以下几个来源：

①天生的求知欲和好奇心。

②对自然界和其他未知世界的探索欲。

③生理需要，生存的需要。

④对夸奖的需要，虚荣心和上进心。

⑤相比艰苦的劳动，学习是更舒适的选择。

⑥成长的需要，自我实现的需要。

家长要保护和引导孩子学习的动机，而不是扼杀和否定它们。

二、孩子为什么会厌学？

不论是家长还是老师，都会对孩子的厌学问题感到头疼，道理讲了许多也不管用，无所适从。有些孩子脑子并不笨，可就是不爱学，上课根本不听，作业也不爱写，爱玩一些幼稚的游戏，没有上进心，也没有远大理想；严重的还会撒谎、逃学。我们该怎么帮助他们呢？

首先，我们要分析一下孩子为什么厌学。现在都市里的家长给孩子创造了过于优越的物质条件，为了让孩子有更多的时间学习，从不让孩子做家务。当孩子所有好吃的、好玩的、好穿的都享受过了之后，对生活就失去了欲望，他们不觉得进行枯燥乏味的学习有什么必要，甚至不愿去学校，只想舒服地在家里看电视、听歌、玩游戏。而家长一味地施加高压，整天强调学习的重要性，让孩子产生了逆反心理，使他们更觉得学习是个负担。而那些物质生活条件不太好的孩子，一放学就有干不完的家务活，反而会觉得学习是种“享受”。家长应该在物质条件上对孩子剥夺一些，而精神上要多了解、理解，多鼓励、引导孩子。

第二，有些孩子对学习失去兴趣是因为学习能力上的障碍造成学习困难，总是失败、总是得不到表扬和鼓励，他们当然对学习没有兴趣，谁会对自己不擅长的事情感兴趣呢？所以，注意力不集中、写作业拖拉、粗心大意、自觉性差、情绪不稳定、自信心不足等问题，其实都是学习能力问题，要及早通过心理专家的强化训练进行矫治，不要只是埋怨孩子不努力，或认为孩子是故意不想学好。

第三，青春期孩子的厌学很多是由情绪问题造成的。他们会因为不喜欢某个老师而不喜欢这门课，或因为家长的唠叨而讨厌学习，也会因为人际关系而在上课时胡思乱想，注意力不能集中，还会因为学习成绩总上不去而心情烦躁。所以，要解决他们的学习问题，先要解决情绪问题。

第4节

家长的抚养方式与儿童的心理成长

家长在实际管教孩子的时候，会因各自不同的原因采用不同的抚养方式。那么，不同的抚养方式会对孩子心理的成长产生什么样的影响呢？

心理学研究中，父母的抚养方式分类方法中最为著名的是 1983 年由麦克白和马丁提出来的。其用两个行为维度组成的模型来表示，共形成四种儿童抚养方式：

儿童中心 父母中心	接受 反应	拒绝 无反应
要求 / 控制	权威的	专制的
无要求 / 不控制	宽容的	忽视的

父母的行为体现在不同的儿童抚养方式中，他们与儿童的行为是相对应的：

	父母抚养方式	儿童行为特点
权威	期望孩子在智力和社会性行为能力方面有与其年龄相一致的表现。友好的。培养和诱发孩子的观点和情感。对决策做出解释。	独立、自信、友好，与父母友好合作，快乐，成就，激励，成功。

续表

	父母抚养方式	儿童行为特点
专制	过分的权利和控制，缺乏温情和双向交流。设置绝对标准。要求对权威和传统的服从与尊重。努力工作。	社会上表现孤僻。缺乏自主性。女孩是依赖的，缺乏成就激励。男孩会对同伴进行攻击。
宽容	维持儿童的少量需求。接受，反应，以儿童为中心。	在心境上是积极和有益的，但在控制冲动性、社会责任和自信上不成熟。有攻击性。
忽视	被自己的活动所吸引，不理会孩子，对他们的活动也不感兴趣，缺乏双向交流。	喜怒无常，无法专心。放荡的，较少对冲动和情感进行控制，对学习缺乏兴趣，较高的逃学率和吸毒倾向。

权威型父母为孩子立下的规矩，不仅合情合理，而且以身作则，能够说到做到，对行为规范的要求与价值观的解释，前后一致。如果发生有争议的问题，父母不是独裁专断，也不是哄骗敷衍，而是让孩子有表达自己意见的机会，对意见中积极、正确的方面充分给予肯定，再以耐心说服的方式使孩子心悦诚服。

专制型父母在家庭中处于绝对的领导者地位，主宰家庭中的一切活动，孩子只能无条件地服从。有关行为标准的是非对错全由父母说了算，孩子只能无条件地遵守。孩子的行为如果出现偏差，父母直接给以惩罚，而不解释理由或说明原因。

宽容型父母对孩子的行为表现不刻意地制定规范，对孩子的欲望和要求不刻意地予以限制，在孩子能力的培养上也不提出具体的要求。相反，他们采取接纳的态度，让孩子随着自己的兴趣和个性自由发展。

忽视型父母可能由于自身性格因素或因忙于其他事情而较少关注孩子。他们的行为与孩子缺乏互动，不给孩子定规矩，对孩子的能力方面也不提什么要求，对孩子的表现好坏都不表态。他们关注的往往是他们自己感兴趣的东西，缺乏与孩子的情感沟通。

当然，有些家长在抚养方式上表现为摇摆不定，这与外部的环境因素有关。比如，有的家长比较喜欢宽容的方式，认为这样不会压抑孩子的个性。但是，当孩子的行为缺乏控制时，又会怀疑自己的方法，开始转变为较严厉的方法。同时这种变化也与家长的心境和情绪状态有关。

另外，在家庭教育中，父母与孩子是互相影响的。父母的行为会受到孩子的影响，反过来亦然。那些由于出生时体重较轻、难产、窒息等有先天性疾病的孩子更有可能难以抚养。他们也更容易使得父母产生挫败感，从而出现更多的教育问题。

第5节

家长的性格、情绪与儿童的心理发展

孩子一生下来，虽然已经带有明显先天的气质特征，但心理状态还没有发展成熟，其性格成长也将受到后天环境的很大影响。因为大多数孩子从小主要和家长在一起，所以家长的心理素质、教养方式等因素在很大程度上决定了孩子的心理发展方向。有些家长总是说孩子这不好那不好，殊不知许多问题都是由于家长的心理问题造成的。

首先，如果有的家长过分要强、虚荣心过强，或者过分关注孩子，就可能会给孩子提出不符合孩子心理发展水平的高要求，使孩子的身心承受超负荷的压力，最终导致这样那样的心理障碍，甚至疾病。例如，有位家长给自己7岁孩子的所有课余时间都安排了各种各样的辅导班，钢琴、绘画、英语、书法、下棋、作文等，结果孩子由于过于紧张容易诱发抽动秽语综合征。

第二，家长的过分挑剔、完美主义也可能造成孩子的许多心理障碍。例如，有的家长对孩子写作业要求甚多，无论孩子多么努力，总能挑出毛病。结果由于受到的否定太多，孩子每写一笔都要反复地描，写了擦，擦了写，动作特别拖拉，有时考试题都写不完。更为严重的是，孩子的自信心也因此而越来越受到打击，做事总是犹豫不决。这种情况发展下去，将来可能还会使孩子发展成强迫性人格障碍，一生都很难快乐。而家长可能还以为自己是为了孩子好，让孩子多学点儿知识也是为了孩子能够适应未来的竞争需要。殊不知这样做的结果适得其反。

第三，情绪是可以传染的。如果你和快乐的人在一起，你也会快乐。如果家长的情绪总是紧张和焦虑的，那么他很可能会把这样的情绪传染给孩子。神经生物科学研究的结果表明，经常处于焦虑或压力下的个体，其脑内谷氨酸、可的松的过度分泌，可导致脑细胞的死亡与神经联结的减少。况且，孩子的神经系统尚未发育成熟，过多的不良情绪会影响孩子的健康成长。情绪是思维的润滑剂。当人们情绪好的时候，做事情的效率会大大提高。相反，如果情绪不佳，做任何事情都不能发挥自己的最佳潜力。特别是有的孩子从小体弱多病，家长非常担忧，经常烦躁不安、絮絮叨叨，对孩子过分关注，结果导致孩子变得敏感多疑、自卑、退缩、神经质。如果家长能够较多地关注孩子的情绪状况，使孩子经常处于愉快的状态，则孩子的免疫力将会提高，身体状况将会得到改善，学习效率也会提高。

第四，家长对孩子总是否定，会逐渐让孩子失去自信。家长总希望孩子要表现得和自己小时候一样好，甚至更好，稍有一点儿缺点就大加指责，甚至把打骂孩子当成家常便饭。

有个5岁的孩子经常发脾气，做事没有常性。别人问他为什么会这样，他说自己老做不好，总挨妈妈说，没有得到表扬，所以想发脾气。

第五，有部分家长存在补偿心理，将自己未实现的愿望寄托在孩子身上，希望孩子来实现自己未能完成的心愿。俗话说："负重不远行。"父母的这种做法往往没有考虑孩子的具体情况，这将会给孩子造成巨大的心理压力，使孩子产生逆反心理，不利于因材施教。也有些家长自己孩提时代的生活条件不好，现在便给予孩子无微不至的照顾和高水平的生活待遇，从而使孩子产生依赖心理，影响了孩子独立生活能力的发展。

孩了在的成长过程中总要出现这样或那样的问题，家长要容忍孩子有缺点，耐心地等待孩子成长。当发现孩子的问题时，家长先要学会先反省自己的问题，使自己的情绪先放松一下。当家长自己的问题得到解决时，孩子的问题也会迎刃而解。如果家长自己的问题解决不了，可以让心理医生帮助自己分析和矫正。

第6节

家长采用心理学方法解决儿童的行为问题

儿童期的各种生理、病理因素以及社会环境、教养方式和精神创伤等方面的不良影响都可能干扰和阻碍儿童心理的正常发育，导致儿童产生各种偏离常态的行为问题，如情绪障碍、品行障碍、睡眠障碍、饮食障碍、排泄障碍、抽动障碍等。如果这类问题和障碍仅在儿童心理发育的某一阶段出现，则可以被看作是正常现象。只有当它们表现得过分突出，或者在不适宜出现的发育阶段出现时，才被认为是一种行为偏离。如偏离程度较为严重，持续时间较长，而不及时地加以纠正，就会阻碍儿童心理的正常发育，甚至造成成年后的心理障碍和社会适应不良。

解决儿童心理问题的心理治疗方法有很多，常用的治疗方法主要有以下几种：

一、行为治疗

本治疗方法的理论基础是行为主义等理论，治疗中强调此时此地，治疗针对有问题的靶行为。就事论事，不咎既往，也不深挖潜意识的思维，因此，较易为幼儿所接受。

（一）常用的行为治疗方法

1. 系统脱敏法：一种逐步去掉不良条件性情绪反应的治疗方法。主要用于治疗各种条件性不良情绪反应，包括焦虑症、恐怖症、神经性厌食等。

2. 冲击疗法：又称以恐治恐疗法，是系统脱敏治疗的一种变形。该法适用于恐怖症、焦虑症及强迫症。

3. 示范法：基于观察学习的原理，通过观察别人的行为来学习、增加、获得良好行为，减少、消除不良行为。适用于治疗恐怖症、社会退缩、语言发育迟滞、选择性缄默症、婴儿孤独症及精神发育迟滞等。

4. 阳性强化法：通常一种行为得以持续，主要是被它的结果强化所致。因此，要保持某种行为，就要在这种行为之后给予奖赏强化。因此，奖赏在这种治疗方法中起了重要作用。这类方法主要用于治疗多动症、学习困难、选择性缄默症、违拗行为、孤独症、神经性厌食、功能性遗尿或排便障碍等。

5. 消退法：根据操作学习的原则，对某些会强化不良行为的因素予以撤除，以达到减少不良行为发生的目的。多用于攻击性行为、暴怒发作、多动性行为等多种行为障碍及情绪问题，以及神经性呕吐等。

6. 反恶疗法：又称惩罚法，是基于条件学习原理的一种治疗方法。每当患儿出现不良行为时，给予惩罚性刺激，以达到减少不良行为的目的。可用于治疗儿童攻击性行为、暴怒发作、自伤行为、遗尿、神经性呕吐等。或用于采用消退法仍不能减少不良行为的患儿。目前临床应用者较少。

7. 暂时隔离法：一种应用操作学习原理的行为疗法。治疗时将阳性刺激物短暂隔离，以纠正不良行为。主要用于治疗敌对行为、不服从行为、少年违法、暴怒发作，以及孤独症或精神发育迟滞的某些不良行为。

（二）儿童行为治疗的目的

1. 帮助患儿掌握某些技能。

2. 让患儿增加某些行为。

3. 使患儿减少某些行为。

4. 促使患儿改变某些行为。

（三）行为治疗的原则

1. 建立良好的医患关系，取得患儿家长的充分合作，否则不要开始治疗。

2. 充分了解病史中与患儿治疗有关的因素，详细了解病史、主要问题及与这些问题有关的因素，还应了解患儿的性格、喜爱及厌恶的事物。

3. 确定靶行为，即强调此时此地。有的靶行为不止一个。一次治疗常可只解决一个靶行为。一般应从医生最有治愈把握的靶行为开始治疗。

4. 选择合适的行为矫正方法。有些行为需要加强，如加强孤独症患儿的行为治疗。有些行为需要减轻，如破坏性行为。有的技能需要培养，如遗尿症患儿如何学会自控排尿。

有些行为需要纠正，如排泄、进食的场所或时间不合适等。

（四）家长如何运用行为治疗的方法帮助孩子

1. 强化法：由于儿童的神经系统发育不够完善，往往会出现许多问题，如自控力比较差、情绪不稳定等问题。这些并不是孩子的本意，他们也希望自己的行为能够适应周围环境，只是不能很好地控制自己。家长要理解这一点，在孩子行为表现良好时及时地给以奖励，不一定是物质奖励，有时一个微笑、一个赞许的眼神，也能够强化孩子的行为动机，使其做得更好。强化法在治疗孤独症及其倾向儿童、智力障碍儿童、社会行为退缩儿童以及塑造儿童良好行为习惯方面有很好的效果。

2. 消退法：儿童的大脑神经系统发育不完善还表现在儿童更难忽略无关信息的干扰，而将注意力集中在重要事物上。他们做事往往会分心，也往往会有一些无目的的多余动作。特别是抽动症儿童、情绪敏感的儿童，当他们的行为不是很合适但并不存在危险时，家长可以暂时忽略他们的问题，因为如果提醒或指责他们，只会加重这些问题。然后，配合其他方法解决问题。

3. 转移法：儿童由于心理压力等因素产生吃手、咬指甲、触摸生殖器等问题，家长可以让孩子多做一些有意义的活动，尤其是令人愉快的游戏。当孩子沉浸在游戏中时，可以释放内心的压力，同时不良的行为也被有趣的活动取代了。

4. 系统脱敏法：敏感的孩子会有诸如胆小、怕黑、黏人、挑食、晕车、孤僻、不合群等问题。这些问题其实都是因为孩子对周围世界的认识不足引起的。因此家长可以安排较多的时间让孩子有各种各样与大自然和社会接触的机会。好奇心往往会使孩子忘记害怕，也逐渐认识到周围的事物不像他们想象的那样可怕。这种方式是最自然的系统脱敏法。如果再具体一些，可以按如下方法：比如孩子不吃某种蔬菜，家长可以先将一点这种蔬菜的汁加在孩子喜欢吃的菜里。家长事先不要告诉孩子，当孩子吃了以后并没有不适感再告诉他。下次多加一点放在其他菜里，孩子吃了没有感觉到再告诉他，也许孩子被告知之时会紧张，家长应及时表扬他，并给他一些奖励。然后，家长试着添加少许菜末，直到孩子不再拒绝。

二、认知治疗

本治疗强调通过改善患儿对自己不良行为或情绪的错误认知，达到纠正情绪障碍的目的，对于年龄较大的儿童（青春期以后）的抑郁症疗效较好。

三、家庭治疗

家庭对于儿童心理问题的治疗十分重要。情绪障碍、学习困难及多动症等儿童心理问题的发生与家庭环境不良，如家庭矛盾、教养不当等密切相关。孤独症、精神发育迟缓、精神分裂症等由于治疗时间长、疗效慢，对家庭的影响大，经济花费较多，也更容易造成亲子关系紧张等问题。因此，需要接受治疗的不止是患儿一人，而是包含整个家庭。只有这样才能达到较好的疗效。

作为家长应尽量创造和谐幸福的家庭氛围，在家庭内部统一教育态度。

第 5 章
Chapter 5

感觉统合训练的指导原则

小宝现在 6 岁半，刚上一年级，语言能力很强，脑子反应也不慢。但是小宝的动作总是特别慢，而且，经常眼睛看着老师，手却不行动，手在行动的时候，耳朵又什么都听不进去，给人一种经常发呆发愣的印象，考试时经常题目做不完。老师说："找心理医生咨询一下吧！这孩子的脑子好像有问题！"家长为此非常难过，孩子看着特别可爱，怎么到学校就学习跟不上呢？孩子是不是智力有问题？

感觉统合训练应该充分考虑孩子的客观心理需要与他们心理发展的特点，遵循一定的原则，这样才能让在孩子对训练感兴趣，并在原有能力的基础上有所进步。

感觉统合训练的指导原则包括现实原则、儿童中心原则、发展原则、快乐原则和培养自信的原则，本章将针对这些原则给出具体的介绍。

第1节

现实原则

一、相关心理测查和分析

感觉统合训练应该建立在现实原则的基础上，而不是由家长或老师主观臆测。首先，参加统合训练的孩子在训练前都要进行智力、记忆能力、逻辑思维能力、感觉统合能力等方面的测试，然后根据测试结果，综合而准确地分析孩子的问题。

往往同一个问题是由不同的原因引起的。我们只有充分了解问题产生的原因才有可能解决问题。例如厌学问题，有的孩子是因为智商偏低，学习特别吃力而产生厌学；也有的孩子是因为父母要求过高，总是指责挑剔，这些经历使他们产生了太多不愉快的情绪而开始厌学；更多的孩子是因为学习能力存在障碍，因此不愿意做自己不擅长做的事情，等等。导致问题的许多因素往往不是孤立存在的。我们只有充分了解各方面的原因，才能提出有效的解决方案。绝大部分孩子虽然学习能力有问题，但是智商没有问题，而是感觉统合能力训练不足造成的学习问题。此时，孩子就需要进行相关训练，而不是单单和孩子谈话就能解决。

二、家长的正确理解和配合

感觉统合训练治疗师认真细致地了解问题的各个方面，是解决问题的关键，也是对家长、孩子负责的表现。同时，家长应该积极、主动地配合治疗师的调查，要客观地叙述孩子的问题，以及自己以前的做法。只有这样才能够帮助治疗师尽快地找到问题的症结。当治疗师将孩子的问题客观、中肯地告知家长时，家长应该尊重现实，主动配合训练治疗。当然，有个别家长对孩子的能力现状有自己的看法，不能接受或认同治疗师的意见，也应该说出理由，共同探讨。如果家长采用否定和拒绝的态度，则最终耽误的是孩子还有家长的幸福。家长只有与治疗师协调一致，从对孩子有利的角度去考虑问题，才是最明智的做法。因为虽然感觉统合训练能在一定程度上帮助孩子解决一些问题，但是这种训练也不是万能的，不可能解决所有的问题。大多数儿童问题的形成有着极其复杂的根源，不仅要综合其他辅助措施，也应有较现实的期望值。

家长在清楚现实能力水平的基础上，采取现实的态度，既积极努力，又不过分强求，会给孩子最现实的帮助。

第2节

儿童中心原则

基于人本主义的观点，在心理训练时，应充分考虑孩子的客观心理需要与他们心理发展的特点。比如，被重视的需要。有些时候儿童不是行为控制能力的问题，而是因为感觉到家长或别人没有给予他足够的重视。他们生气、发脾气或者恶作剧只是为了引起别人的重视。又比如，儿童有被别人接纳的需要，当缺乏足够社会经验的儿童面临陌生环境时，他们也许会哭，会黏人或发脾气。那时他们要表达的意思是：自己感到不安全，希望被接纳。只有在被周围的人接纳时，人才会有安全感，而安全感是人类生存的本能需要。而此时，孩子的表达能力还没有发展到可以将上述感受准确地表达出来的程度。

当我们站在儿童的视角观察周围环境时，就不难理解孩子产生怪异行为的原因。比如父母带孩子去逛街，抱着他是很累的，自然会鼓励孩子自己走。可是孩子又哭又闹不愿走，是因为他懒吗？是因为他不听话或者脾气不好吗？都不是。只要你蹲下来，从孩子的高度观察周围，你就会发现，孩子根本看不到那些琳琅满目的商品，只能看到一片黑压压的腿的森林！

了解了这些，我们还有什么理由责备孩子？让我们为了孩子经常蹲下来吧！看看孩子的表情，问问孩子的想法，怎样做才能帮助孩子成长。

家长很有必要了解儿童心理学知识，了解孩子的心理发育规律，知道哪些行为是正常的，哪些行为是落后、不正常的。家长不要轻易地责怪孩子，而是应该及时地帮助孩子解决发展中的问题。在教育孩子方面，家长不能随心所欲，为所欲为。

第 3 节

发展原则

感觉统合训练的目标是在孩子的原有能力基础上能有进步。这种进步的过程就是发展。发展往往具有一定的规律，如儿童动作发展的顺序是由上到下（即从头到脚），从中心到外围，从大肌肉到小肌肉。婴儿最早协调的是头部动作，如吸吮反射、眼及头追随物体做转动，以后是手的抓取、躯干的动作，如翻身、独坐、爬行，最后是腿和脚的动作，即站立和行走。

在遵循儿童发展基本规律的前提下，由简到繁，由粗到细，反复练习，感觉统合训练正是建立在发展原则之上的。不管孩子目前的状况如何，他都是在不断发展变化中的，按照孩子自身发展的规律，用适当的方法来干预，则能帮助孩子更理想地发展。

在发展的过程中，有许多问题应该引起家长的重视。儿童在某个特定年龄阶段会表现出某些特定的行为特征。比如 2 ~ 3 岁孩子经常有逆反情绪，让他干什么偏不干什么。这是儿童自我意识发展的一种表现，他通过否定别人来确立自我。青春期的孩子也往往会出现情绪不稳，想法简单、幼稚、容易走极端等特点。这些都是发展中的特征。父母应能够理解并正确处理这些情况，而不是指责或打骂孩子。发展是一个循序渐进、水滴石穿的缓慢变化过程，家长要培养自己的耐心，顺应发展的需要。

第 4 节

快乐原则

来儿童心理门诊咨询的家长在教育孩子的过程中往往忽视了快乐原则。他们常常根据自己的想法对孩子提出许多要求。这些要求有的是孩子不感兴趣的，孩子会因此表现出逆反情绪。家长对这种逆反情绪非常反感，软硬兼施，希望孩子的行为能够符合他们的想法，却没有重视孩子的情绪。

心理学的一个重要课题是研究人的情绪。心学家的研究结果发现：良好的情绪是思维的润滑剂。当人们情绪良好时，大脑具有最佳的思维效率和表现。这就是为什么人们对感兴趣的事物学起来非常快，而对不感兴趣的事物学起来却很费劲的原因。

每一个孩子都有不同于他人的人格特征。他们所表现出来的能力和兴趣都是不一样的。良好的、成功的教育往往能够注意到孩子的潜能和兴趣点，并且顺应孩子自身的爱好和能力选择发展方向。

另外，根据儿童期行为和心理特征研究发现：“孩子天生是好动的，是以游戏为生命的。”家长和治疗师要做的就是顺应孩子的这种需要，让孩子在游戏中快乐成长。

第 5 节

培养自信的原则

由于感觉统合失调的孩子可能因为触觉过分防御导致胆小、敏感、爱哭、不合群。他们对于外界信息、刺激过分敏感，实际上是夸大了这种刺激，这使得他们在行动时畏首畏尾、逃避退缩。虽然适度退缩有利于自我保护，使孩子免受外界环境的伤害，但是过分的退缩，将不利于形成坚强的心理素质和自信的品质。

正如一位哲人所说："谁拥有了自信，谁就成功了一半。"在现代科技的进步大潮中，如何培养一个具有良好心理品质的人才，是许多家长都非常关心的问题。

在这方面感觉统合训练是大有作为的。由于感觉统合训练自身的特点与原则，还有治疗师的循循善诱，许多孩子经过训练都大有改观。

首先，利用游戏建立一种和谐、宽松、愉快的环境。这种环境使感觉统合治疗师与孩子建立起亲密、信赖的关系，让孩子感到安全、满足和温暖，这本身就起到了一定的治疗作用。

训练开始前，治疗师一般都会微笑着和孩子打招呼，并且在孩子接受训练的过程中，经常给以适当地支持（扶持）。当治疗师发现孩子取得一点儿进步时，都会及时地给予由衷的夸奖。因为孩子本身的认知水平有限，尚未形成明确的自我观念，对自身的评价更多地依赖他人对自己的评价。同时孩子又有天然的依赖性。从婴儿期开始，孩子要完成许多学习，就必须依赖成年人的照顾和帮助。只有这样，孩子才能正常成长。因此，父母、其他家庭成员和密切接触孩子的人对孩子的鼓励就显得尤为重要。治疗师积极地肯定孩子的优点，鼓励他们去尝试以前从来不敢完成的游戏，孩子的能力就会一点点提高。屡次尝试也会使他们在失败中积累经验，动作越来越熟练，自信心越来越强。所以我们必须注意，自信心的加强除了依靠外界评价，更重要的是自身能力的提高。

附：

艾尔斯的感觉运动指导原则

感觉运动不足已经由于现代家庭环境不良而日趋严重。因此，身为父母在小家庭制度下对这些问题更应有所认识，并进一步帮助孩子。

1. 找到孩子可以自己尽力玩的活动

这并不是说不用指导而让孩子自由发展，事实上有计划的指导是非常重要的。但孩子的任何学习都必须以自动自发为原则才能真正有效。因此，最重要的是：清楚地检查出孩子在感觉统合基础上的问题，再设计孩子可以尽力去玩的游戏，使孩子的身体和大脑之间的反应协调能够顺利发展。

这些指导并不是刻意要求孩子做一些无法做到的动作，而是设计在感觉体系上相关、孩子容易做到又愿意去做的动作，以培养孩子身体活动的基础能力。孩子能自动自发、全力去做，也能更好地发展出原本不足的能力。

2. 用耐心培养孩子的兴趣

感觉统合指导最重要的是要培养孩子想去做的兴趣。如果孩子一时做不到，便要靠指导者细心而有系统的引领，并将此做成计划，用游戏将这些不佳的感觉反应有效地加以组织，进而培养孩子的兴趣，使孩子积极地参与游戏活动。

3. 要让孩子感到快乐

感觉统合游戏最重要的是让参与其中的孩子感到快乐。不论是父母还是治疗师，如果设计出的游戏方法会让孩子感到挫折、害怕或痛苦，轻则使学习遭到严重失败，重则产生副作用。

游戏场所中要布置有趣、丰富又有色彩的游戏教具，让孩子喜欢身处其中。

感觉统合游戏最容易失败的地方便在于孩子的拒绝参与。活动过程如果能在快乐的气氛下进行，并且能结合身体和大脑的协调反应，便可协助孩子感觉运动的自我发展。

4. 协助孩子建立自然的情绪

孩子对自己做不到的事常特别敏感，因此家长一味地强迫孩子去做，只会产生反作用。要想在游戏中引发孩子的乐趣，让孩子在无意中不断地练习他原本做不到的能力，指导员应适时地鼓励孩子“做做看”，有效化解孩子情绪上的焦虑和紧张；并让孩子逐步认知自己能力的成长，对动作产生心得，以建立足够的自信心。

5. 感觉信息成熟化是建立信心的基础

通过指导活动，孩子感觉信息和统合的能力会逐步成熟，身体各部位的相互协调日益顺畅，可以增进处理较复杂问题的实力；对感觉信息的强弱会有更好的反应；情绪较稳定，人际关系的发展也更健全，性格上显得更完整、更有自信。

当孩子的感觉神经系统得到了健全发展时，不但使身体动作更灵活，语言能力也会有很大的进步，其他学习能力自然也会更有进展。

第 6 章
Chapter 6

专业儿童感觉统合训练技术介绍

小王老师在幼儿园任教多年，业余时间喜欢钻研儿童心理学知识和技术。她发现现在的孩子大多是独生子女，有独特的心理问题，过去的经验现在有些不太管用了。孩子们存在的问题十分复杂，且不统一，该怎样因材施教呢？如何用心理学方法解决现在孩子们的行为问题呢？

一个孩子从出生开始，就要面临许多成长的问题。比如智力的发展、人格的塑造、社会适应能力的提高等，不经过系统深入的学习是很难做到这些的。在日益激烈的社会竞争中，传统的教育方式越来越不能适应现代人才教育的需要，许多家长在教育孩子的方面都存在着一定的问题。家长仅仅依靠自身的看法、传统的经验、朋友的帮忙、同事的建议已经不能很好地解决孩子的教育问题了，求助于专业的心理健康咨询机构成为了更好的选择。

我们在多年的儿童心理咨询和感觉统合训练治疗中，积累了丰富的经验，将在本章与大家分享实践中积累的经验和技术。

第1节

感觉统合训练计划的制订

在专业的感觉统合训练技术中，训练计划的制订是整个训练技术的核心部分，直接关系到训练效果的好坏。制订计划不仅要依据感觉统合能力测查的结果，根据每个孩子不同的问题情况、年龄特征、体质特征，还需要考虑其智力、情绪态度等多方面的因素。

计划的制订需要注意以下重点：

一、有针对性原则

要根据每个孩子的不同问题、不同心理特征、不同协调性水平、不同体能特征等诸多因素，因人而异制订有针对性的训练计划。例如，注意力不集中的孩子要重点加强前庭平衡功能的训练，而触觉敏感的孩子则更多地强化触觉方面的训练，等等。

在制订训练计划时，要遵循感觉统合训练的基本原则，从现实的角度出发，不能高估也不要低估孩子现有的能力水平。高估会使孩子产生较强的挫折感而不合作，使训练无法进行下去，更谈不上什么训练效果；低估则无法利用有限的时间达到应有的训练效果。这在很大程度上要依赖于感觉统合治疗师丰富的个人经验。长期与各种孩子接触的经历使得治疗师有比一般人更加敏锐的观察能力。依据测查结果以及家长对孩子情况的反映，加上对孩子行为表现等专业眼光的观察，治疗师能够比较准确地把握孩子的基本情况，在此基础上制定比较适合孩子本人的一整套训练方案。当然，个别时候，由于种种原因，也有可能在刚开始时并没有发现的一些问题，在训练过程中又出现了，此时要及时地调整训练的计划，以便更好地帮助孩子解决问题。

二、循序渐进的基本原则

许多来咨询测查的孩子，由于学习紧张或家长不重视等原因，平时活动时间较少，活动量也不大。如果突然让其从事较大强度的统合训练项目，有的孩子会更加紧张，有挫败感，产生强烈的抵触情绪。这对整体的训练计划实施是很不利的，要遵循循序渐进的原则。开始时可以先进行较小运动量的项目，也可以是孩子最容易感兴趣的项目，先吸引孩子投入到游戏当中去，然后再逐渐增大运动量，提高动作的难度。

遵循循序渐进的原则还体现在家长和训练老师对孩子的要求要适度。家长和老师希望孩子尽快提高能力和改变不良行为的心情是可以理解的，但是，任何习惯的养成都不是一两天的事，要用塑造好习惯的方式改掉不好的行为也需要一定的时间。否则，即使出现改变也不是较长久的改变。一般情况下，要给孩子一段改变不好行为的时间，大多数孩子可能需要三个月的时间来改掉不好的行为和巩固良好的行为习惯。这种进步是一个渐进过程，不可以过分急躁。

三、由量变到质变的原则

这一原则是指训练要达到一定的量（包括训练频率至少保证每星期不少于 2 次，大多数孩子要做 2 ～ 3 个周期，每次训练大约需要 1 小时左右）。感觉统合失调产生的原因是多方面的，要矫治它，不可能一蹴而就。解决感觉统合失调问题需要相对连续的、一定周期的由量变到质变的过程。通常情况下，感觉统合训练的量应定在当孩子完成该项目时，已经感到有点儿累但还可以“再坚持一下”。当孩子感觉累时，实际已经表现了他的真实状态（水平），“再坚持一下”是要求孩子在现有水平的基础上努力有所提高。同时，应该注意，这种相对提高的期望值不可以定得太高。要注意保护孩子的自信心，这一点很重要。

每一份训练计划表都有每次训练的每个项目的详细要求和数量。如果在训练过程中发现有些孩子的表现和预期有差异，要及时地对训练计划做出调整。整个训练过程是一个可以随时变化的动态过程。

四、真正因人而异的训练方案

每个孩子都是一个独特的个体，都有区别于其他个体的不同方面。即使是同样的症状或表现，其原因也可能大相径庭。因此，体现在训练计划的具体细节方面也会有许多的不同。只有真正针对孩子个体独特问题的训练方案才会取得最佳的训练效果。比如，同样是注意力不集中的问题，有的孩子可能是因为剖宫产造成的触觉过分防御。他们对周围事物的敏感程度过高，因此他们更容易感受到周围环境的细微变化，哪怕是风吹草动，都会使他们分心，因此注意力很难保持在同一件事情上。对于这样的孩子，系统的触觉方面的训练是改善问题的关键。因为人的感觉敏感性会随着刺激的持续而降低，而且，适度的触觉刺激能够激活大脑神经网状系统，使之较有成效地整合来自外面的刺激，只对应该做出反应的刺激反应，而不是对所有的刺激都做出反应，导致学习效率较差。另外，如果是因为自控力差导致的注意力不集中，则主要是加强孩子的运动协调能力、平衡能力方面的训练。这些训练可以很好地改善孩子的自我约束力，提高注意力的水平。当然，也有的孩子注意力不集中是因为抵触情绪或不良教育方式造成的。这时治疗师的工作重点则很可能是放在促进和改善亲子关系上或者给予适当的家庭教育指导。此外，还有的孩子注意力不集中是因为孩子的智力发育迟缓而导致的。那么对他们更应该给予多方面的综合性指导和训练。此外，即使是同一个问题，也往往不是由单一原因导致的。同时还要注意，一些问题可能没有被及时发现，另一些问题则可能被夸大。因此，训练过程中治疗师应及时与家长保持联系，对家长提出的问题及时给予解答和帮助。时刻关注孩子不同时期的表现将是治疗师贯穿训练始终的职责。

第2节

专业感觉统合训练项目的训练要点和技术要领

面对孩子的许多问题，父母常常非常焦虑、紧张。长期的焦虑、紧张、甚至埋怨孩子，对解决问题丝毫没有意义，而且还对自己的身体健康不利。当孩子出现问题时有的家长非常着急，又不知道该怎么解决，实在急了就打孩子，打了以后又很后悔。因为不仅孩子的问题没有解决，还伤害了自己和孩子的感情。其实，孩子有问题并不全是父母的责任，自责或者责人对孩子都没有什么帮助。家长不如面对现实，冷静地想一想到底是什么方面的问题。下面介绍几种具体的办法，希望对家长能有所帮助。

感觉统合训练能够让孩子在游戏中不知不觉地解决许多问题，其中包括：注意力问题、情绪问题、协调性问题、学习能力问题。但是，由于这些问题产生的原因都比较复杂，并不是由某一单个因素造成，所以游戏中的训练项目并不是简单地某一项目对应一个问题，而是不同的项目在其功能上各有侧重，使一整套训练可以对一系列问题有效。

下面介绍统合训练中几个关键的训练项目：

一、重要的触觉训练项目

触觉体系的感觉统合运动重在加强肌肤的各项接触刺激，以修正前庭核有关触觉的抑制和运动能力，使大脑的处理能力和身体的触觉神经建立起协调良好的关系。

主要适用于以下儿童：

触觉过分敏感或者过分迟钝，情绪不稳定，容易发脾气，挑食、偏食，不吃蔬菜等；喜欢吃手或咬指甲，害怕陌生环境，不喜欢被搂抱；怕黑、胆小，黏人，身体协调能力不好。

（一）大笼球

大笼球一般直径在 65 ~ 95cm，弹性较强，笼球表面有光滑面的和带突起面的两种。相对来说，表面光滑的大笼球刺激较小，而带突起的大笼球刺激性更强。对刚开始接触训练的孩子和特殊敏感的孩子，一般选用光滑表面的大笼球；而对于训练较长时间和已经不太敏感的孩子则适宜选用表面带颗粒的刺激更强的大笼球。

游戏一：大笼球游戏

训练目标：

通过大笼球在孩子身体上滚动产生压力，挤压身体的各个不同部位，可以强化各部位触觉和大脑的协调能力。在大笼球的不断转动或挤压时，压力、球与身体的接触部位不断变化可以强化大脑处理来自身体不同部位的刺激，激活大脑神经网状系统，促进感觉统合。

训练要点：

1. 让孩子俯卧或仰躺在地毯上，治疗师将大笼球放在孩子身上，由轻到重做前后左右的滚动，或在正中间做轻轻压挤。

2. 敏感度较强的孩子，压背部（俯卧）比压腹部（仰躺）容易接受些。

3. 可以尝试压一压孩子的足部。由于足部离大脑最远，有助于大脑和身体间的协调。

4. 上下、前后、左右滚压，对孩子脑干前庭网膜的觉醒有很大的帮助。

5. 不只是对敏感的孩子有帮助，对触觉反应迟钝的孩子，也有刺激其复苏的功效。

这种压力会让孩子感到重力感的变化，对前庭－触觉的协调刺激有特殊效果。

图 6–1　大笼球游戏

游戏二：俯卧大笼球

训练目标：

俯卧在大笼球上，能强化前庭体系机能及颈部张力，调适重力感的信息，对触觉敏感或反应迟钝、多动症孩子帮助较大。自闭儿如果能适应，在训练的中后期也可以加入这个游戏。

训练要点：

1. 孩子俯卧在大笼球上，治疗师由后方抓其双脚，配合大笼球的转动，前后拉动。

2. 注意不要太快，让孩子自己努力去保持平衡，以免掉落球下。

3. 前后、左右、快慢的变化，可以丰富孩子的前庭感觉，使其有更好的重力感调适。

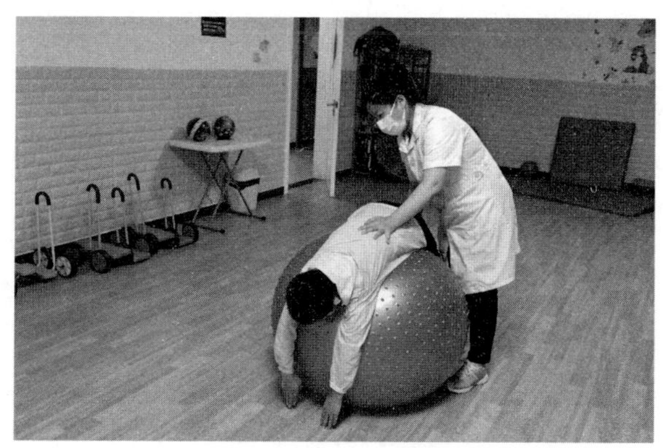

图 6–2　俯卧大笼球

4. 让孩子在大笼球上，练习如何用手、脚及头部的平衡来保护自己。

5. 可以用较小的弹力球置于孩子的腹部，让其操作前后、左右及快慢的滚动，可以强化孩子的身体各部位对重力的协调感。

游戏三：仰躺大笼球

训练目标：

仰躺可以强化颈部张力，背部则有大脑和身体联系最重要的颈部和脊髓神经，所以采用这种姿势对固有感觉和本体感的刺激作用最大。对身体协调不良和多动的孩子都有特殊效果。

训练要点：

1. 让孩子仰躺在大笼球上，由治疗师握住孩子的大腿或腰部，做前后、左右、快慢的滚动。

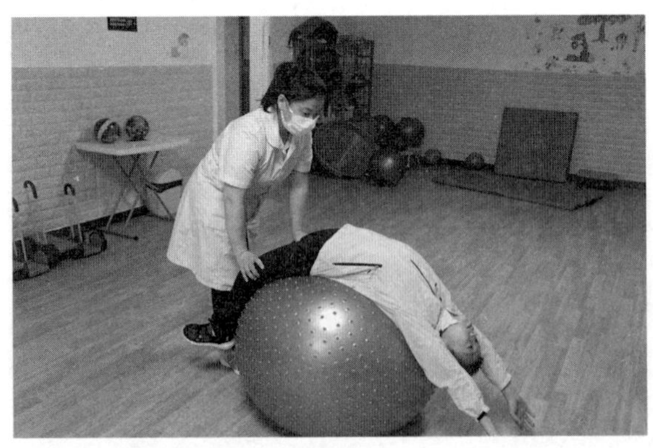

图 6–3　仰躺大笼球

2. 做此游戏前，一定要先做好前项俯卧游戏，让孩子在熟悉大笼球的重力感后再进行此活动。这样才不会引起孩子的排斥心理。

3. 注意提醒孩子留心感受全身关节和肌肉的感觉，协助好孩子控制自己身体的平衡。这项训练对孩子运动企划能力的养成帮助很大。

（二）羊角球

羊角球一般直径 45 ～ 55cm，是一种适合 3 ～ 6 岁儿童的游戏器材。主要针对那些有坐不住、情绪不稳定、爱发脾气、爱惹人、黏人、怕黑等问题的孩子。

训练目标：

姿势和双侧的统合，并可以促进高深程度的运动企划。

训练要点：

1. 孩子坐在羊角球上，双手紧握手把，身体屈曲，往前跳动。

2. 跳动方向可以做前后左右变化，高度也可以随时做不同掌握。

3. 可以让孩子比赛跳的次数和速度（跟自己比），以建立信心。

4. 跳动时，治疗师可以在旁绕圈，让孩子做视觉追踪，或丢球给孩子看，训练孩子的眼球控制能力。

图 6–4　羊角球

（三）袋鼠跳

做袋鼠跳使用的跳袋长短一般要根据孩子的身高来选择，比较适合的长度最好是孩子身高的一半。此项目适合任何年龄阶段的孩子，而且作用与羊角球类似。

训练要点：

孩子的双脚伸进跳袋里，然后提拉跳袋的边至腰部，然后前后左右跳动。袋鼠跳训练起来相对比较累，也比较枯燥，因此训练强度不宜太大。治疗师要从旁观察孩子的不同反应。体力不太好或不太能坚持的孩子，随时可以允许他们终止训练。也可以让孩子中途休息一两次，稍微休息一下再继续。治疗师应积极鼓励和表扬孩子的努力行为。相反，对于那些特别好动和体力过剩的孩子则可以适当地增加训练强度。

图 6–5　袋鼠跳

（四）海洋球池

海洋球池是由许多各种颜色、软硬适度、直径 10cm 左右的塑料小球堆积在一起形成的儿童游戏设备。当孩子置身其中，忘情地追逐嬉戏时，四周各色小球就会在不知不觉中给孩子的身体提供良好的触觉刺激。这样的设备通常在大型儿童游乐中心或购物中心也会看到。因其色彩鲜艳，往往又可以结伴玩耍，深得孩子们的喜爱。

训练要点：

海洋球池游戏一般主要针对学龄前的儿童。触觉敏感的孩子刚开始接触时，有的不能马上适应。他们可能不愿意离开父母，对陌生的事物表现退缩，甚至拒绝。这时不能强制他们进入，可以先在父母陪同下从旁观察其他孩子游戏。等他们慢慢地熟悉环境以后，大都会被快乐的游戏所吸引。家长不要操之过急，保持足够的耐心是帮助他们最好的方法。

该游戏没有固定的游戏规则，孩子们可以充分发挥他们的好动天性，创造出若干种玩法。只要在其中快乐活动，尤其是三五个孩子一起游戏，就可以培养他们良好的环境适应力，锻炼身体的运动协调性，克服敏感、胆小的情绪障碍等问题。

（五）阳光隧道

阳光隧道是用塑料、金属或布料做成的隧道。有的滑梯也设计成隧道的形式，可让孩子在滑行的同时体会光、声的改变。

该游戏主要适用于本体不佳、触觉敏感、迟钝的孩子，帮助孩子对自己身体的形象做出较正确的判断。进入隧道时，头、手、脚的协调对孩子前庭感觉的调节也很有帮助，出隧道时光、声的改变也可增加对孩子视、听觉的刺激。

训练要求：

1. 让孩子头在前、脚在后爬进去，然后从另一面出来。

2. 让孩子脚在前、头在后倒着爬进去，然后从另一面出来。

3. 在中间放置毛巾、积木、海绵等，让孩子正着或倒着进去，再从另一面出来。在中间体会不同触觉刺激下的身体活动。

4. 让孩子爬进去，将指定的东西从隧道里拿出来。

5. 在孩子爬行过程中，可以将隧道轻轻地转动，让孩子在滚动中练习手、肘、肩、膝关节的固有感觉输入，加强前庭体系的刺激和调整。此时头部的转动对眼肌的成熟也有帮助。在转动过程中家长要尽量和孩子说话。当孩子有不舒服的感觉时家长应马上停止转动隧道，协助孩子从隧道里爬出来。

二、前庭－固有感觉的增强

对多动症、身体协调不良、触觉敏感或不足，甚至有自闭症或自闭倾向的儿童，前庭－固有感觉的加强，有助于其平衡感与重力感的发展。许多寓教于乐的游戏设计正符合这种训练需要。

（一）小滑板游戏

主要适用于多动症、自闭症、触觉敏感、身体协调不良的儿童。小滑板由一块木板的一面均匀位置安装四个轱辘构成。当轱辘着地时，让孩子俯卧在滑板上做各种活动。前进或后退时，手脚屈伸动作会抑制原始反射，促进双侧统合，强化前庭－固有感觉统合。

训练要点：

1. 孩子俯卧在滑板上，头颈抬高，挺胸，身躯紧靠滑板，以腹部为中心，双手双脚抬高，如同飞机起飞状。这是静态的滑板姿势。

2. 放下双手，手指向外，以双手同时触地伸屈，使身体往前移动，称为乌龟爬行。注意头部抬高，行进时可转变方向或后退，并可做 360° 的大回转。

图 6–6　小滑板游戏

3. 趴在滑板上，双脚如青蛙游泳般屈曲。顶在墙壁上，用力向前蹬，一般称为青蛙蹬。这项活动对身体肌肉紧张、本体感和身体形象的建立帮助很大。

4. 开展青蛙蹬比赛，看谁蹬得距离远，或谁的进步快（与他人比，或与自己比）。

（二）大滑梯游戏

主要适用于身体协调不良的儿童。滑行时的前庭 – 固有感觉配合身体操作，对本体感和身体形象的塑造帮助很大。

大滑梯坡度大约为 15°，在坡度上端是高度大约为 40cm 的平台，辅之以小滑板就可以进行大滑梯游戏。先将小滑板放在平台上，然后让孩子俯卧小滑板由高处溜下来，这项活动对前庭体系的刺激颇为强烈，可以促进抗重力反应的练习。同时这项活动对头部、颈肌的收缩及身体保护伸展反应行为成熟帮助很大，孩子跌倒时不容易使头部受伤。

图 6–7 大滑梯游戏

训练要点：

1. 头部往下滑动时，比较容易感到害怕，可以在滑下的位置安放软垫，以此保护孩子的安全 。

2. 注意指导孩子手腕、手指、脚尽量伸展，若有困难，可以多次示范指导。

3. 滑下的前方可以由治疗师在孩子下滑时推一个球给他，要求孩子再将球推给治疗师。这对孩子运动企划能力的养成很有帮助，可以增强孩子的空间认知能力及肌肉同时收缩的能力，以训练自我保护机制。

4. 滑下的前方可以放置一个球筐或几个保龄球。治疗师在孩子下滑时推给他一个小球，要求孩子接住小球后投掷到球筐中或打倒保龄球。此游戏项目要根据孩子不同年龄、不同能力来进行。能力强者，治疗师应要求其推球快些；反之要慢，鼓励其树立信心。这样不仅增加了游戏的娱乐性和竞争性，还可以提高儿童的视觉跟踪能力和精细运动以及手眼协调能力。

（三）平衡台

平衡台是底部略呈弧形的方台，是重要的感觉统合训练器材。其宽约 30cm，长约 40cm，高度约 20cm。

平衡台训练适用于多动或身体协调不良、自控力比较差的孩子。在训练中站姿的重心较高，不易把持平衡，所以这种活动能够促进平衡反应的反射感觉做强有力的统合工作，对前庭 – 固有平衡的建立有较大帮助。

训练要点：

1. 让孩子站在平衡台上，由治疗师在台下缓慢摇动平衡台。

2. 观察孩子头、躯体、手、脚为保持平衡所做的伸展姿势。

3. 孩子为寻求平衡所做的姿势调整，对前庭感觉、固有感觉和视觉统合的调整有具体的帮助。

4. 可以让孩子双手伸展，以保持身躯平衡，并且可以闭眼尝试不同的感觉，或在平衡台上缓缓地移动身体，便会出现不同的平衡反射，这对前庭体系的调整帮助很大。

5. 当孩子可以较好地在平衡台上站立并且左右摇晃也始终保持平衡，就可以同时增加抛接球的动作。这一训练中，由于孩子的手脚都必须保持动态的平衡和协调，因此对注意力集中、身体控制力、协调能力也都是很好的训练。

图 6–8　平衡台

平衡台抛接球游戏刚开始时，可以 10 下或 20 下一组做练习，习惯到 30 下时，平衡效果较易发挥，再逐步练习到 40 或 50 下，对前庭 – 固有体系的调整，便可发挥很大的功能。

（四）旋转浴盆游戏

主要适用于多动症、身体协调不良的儿童。

由治疗师旋转浴盆，让孩子自由、放松地接受信息的刺激，对前庭 – 固有感觉的输入和调整帮助很大，有助于平衡和姿势的健全发展。

训练要点：

1. 孩子坐在浴盆或咖啡杯转盘中，注意臀部应位于旋转浴盆的中心凹处，孩子的手抓住浴盆的两侧边缘保持平衡。由治疗师在外帮孩子旋转，速度约每两秒一转。

2. 不宜旋转太快，并注意孩子可能的反应。

3. 回转后完全不晕眩，或眼振持续时间很短，或完全没有眼振，表示前庭体系的严重迟钝。

4. 回转时的速度可以做各种变化，也可右回转和左回转交错。回转中亦可中断，以便观察孩子各阶段的反应情形。

5. 如果条件具备，可以由孩子自己通过移动身体调整重心使旋转浴盆旋转起来。这一训练对儿童的运动企划能力也具有很大帮助。治疗师应从旁细心照看，尤其是当孩子在旋转中如果不能随重心的转移身体各部位及时做顺应性反应时，就应延迟该训练。

（五）网缆游戏

主要适用于多动症、身体协调不良、触觉敏感的儿童。强化前庭刺激及全身肌肉的伸展和活性化。

训练要点：

1. 将网缆固定在大铁架上，垂直下来，离地约 20cm。

2. 孩子可以用俯卧或卷曲仰躺方式，置身于网缆中。

图 6–9　网缆游戏

3. 指导者可以协助孩子做前后、左右、旋转摆动。

4. 在网缆下放置一个特制的插木棍的盒子，盒子里放一些小圆木棍和一块布满圆孔的木板。让孩子在摇摆时用两手同时各拿一根木棍，准确地插到圆孔中。这一训练可以强化孩子的运动企划功能，对其提高视敏度、手指运动精细度、完成任务的条理性都很有帮助。

（六）蹦床游戏

主要适用于多动症、自闭症、触觉敏感、身体协调不良的儿童。此游戏有助于强化前庭刺激，抑制过敏的信息，矫治重力不安和运动企划不足的毛病。

训练要点：

1. 治疗师背着孩子在床上跳跃，这对于刚开始做游戏的孩子不失为一种减少恐惧感的方法。如果是父母与孩子一起游戏，则对增进亲子感情有很大的帮助。

2. 练习跳跃时可以做 90° 回转和 180° 回转。

3. 孩子可以俯卧或仰躺在跳床上，由指导者在跳床上用力跳跃，带动孩子身体往上弹跃。

4. 孩子不用使力，所以更能放松，让前庭－固有感觉输入时，不受自己意识的干扰，对重力感的掌握和触觉感的清晰输入大脑更有帮助。

5. 孩子在弹向空中时，可以鼓励其唱歌，做某种动作，或播放某种音乐，松弛其紧张感。

6. 可以让孩子抱住球在蹦床上跳跃，或和治疗师做抛接球的游戏。

7. 可以让孩子在蹦床上跳跃时练习将球投入预先设置的篮内。此游戏可以练习孩子手眼协调，对孩子自力运动和运动企划的成熟帮助甚大。

图 6–10　蹦床

图 6–11　蹦床抛接球

（七）竖抱筒

竖抱筒是一个有圆形实木底座的圆柱，外面用帆布包裹。竖抱筒悬吊固定于铁架上，悬挂高度以距地面 25 ~ 30cm 为宜。

竖抱筒主要适用于身体协调不良、触觉敏感的孩子。尝试高度收缩的肌肉运动，促进前庭－固有感觉体系的活化，并强化触觉体系；在摇晃中前庭可以获得大量刺激。

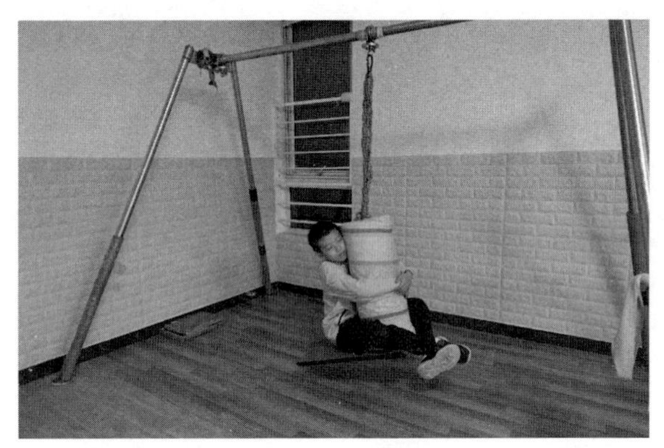

图 6–12　竖抱筒

训练要点：

1. 孩子屈曲身体，双手抱紧圆筒，双脚以筒底边为支撑点紧紧夹住，保持身体平衡；在老师的协助下做前后、左右晃动，再以圆筒为圆心连续旋转，顺时针和逆时针旋转交错；也可以做 360° 大回转。

2. 不宜旋转太快，应时刻注意观察孩子的可能反应。

3. 旋转后，完全不晕眩，或眼振持续时间较短，完全没有眼振的，说明前庭体系迟钝。

4. 让孩子站立在圆筒底板上，双脚夹住圆筒，双手握住上端的绳索，训练孩子只用一只手抓紧绳索，另一只手接住或抓取物体；或一只脚站在圆筒底板上，另一只脚踢目标物。

（八）横抱筒

横抱筒是一个固定于铁架上的圆柱，实心圆木外面用帆布包裹，长约200cm，直径50 ~ 60cm。横抱筒的悬挂高度距地面以25 ~ 30cm为宜。

横抱筒主要适用于多动症、身体协调不良、触觉敏感的孩子。尝试高度收缩的肌肉运动，促进前庭－固有感觉体系的活化，并增加触觉刺激和本体感觉刺激；在摇晃中可改善运动企划能力。

训练要点：

1. 孩子俯卧在圆筒上，用双手双脚环抱住圆筒，由指导老师做前后、左右摇晃。摇晃3分钟，停下休息3分钟，再接着摇晃3分钟，如此循环往复5 ~ 8次。

2. 摇晃过程中，训练孩子用一只手抱紧圆筒，另一只手抓取地板上的目标物。

3. 在圆筒的前方或两侧放置许多目标物，训练孩子用一只手抱紧圆筒，另一只手用棒击打目标物。

4. 横坐在圆筒上面或站立在圆筒上面荡秋千。

（九）大陀螺

外观像一个大漏斗，直径80cm，高42cm，边缘较高，底部呈锥形，可以进行前后、左右摇晃和旋转，能强力刺激孩子左右脑的发展。

大陀螺主要适用于多动症、自闭症、身体协调不良的孩子。

训练要点：

大陀螺对前庭感觉的输入和调整帮助很大，强化身体形象概念，而且前庭感觉输入较多可以促进脑干的苏醒功能。平衡能力不佳的孩子，进入陀螺中会惊慌失措，经常大声惊叫或拒绝再踏进去，呈现运动企划的灵活度和成熟度不足。

1. 坐在大陀螺中调整身体姿态，充分协调双手力量，双手用力摇动时，借助大陀螺与地面的反弹力量，带动大陀螺旋转。转圈数视孩子的反应情况而定，一般正反各二三十圈。

2. 旋转过程中，进行投接球。

3. 趴在大陀螺上或站在大陀螺中，努力使身体保持平衡，双手用力摇动。

图 6–13　大陀螺

4. 两个孩子同时坐在大陀螺中，二人协调用力，让陀螺迅速旋转。

（十）太极平衡板

由一个圆形基座和两个不同图案的套盘组成的平衡板，有大小两种规格，分别适合双、单人使用。

太极平衡板主要适用于多动症、自闭症、身体协调不良的孩子。

训练要点：

通过练习，锻炼孩子平衡反应的反射感觉，帮助建立前庭－固有平衡，同时锻炼孩子下肢力量，让孩子学习通过屈伸膝关节来掌握平衡的方法。

1. 在摇晃时与孩子做抛接球。

2. 两人一组，相对站在两个平衡台上摇晃（手拉手）。

3. 两人一组，相对站在一个平衡台上面摇晃（手拉手）。

4. 两人互相抛接球（分别站在平衡台上）。

5. 用手端着平衡板让球顺着轨道滑行，训练孩子手眼协调。

6. 站在上面晃动，晃动过程中让球顺着轨道滑行。

7. 站在上面晃动投球。

（十一）平衡触觉板

平衡触觉板是由带着触觉点的触觉板组成的各种变化的步道。

平衡触觉板主要适用于触觉、身体协调不良的孩子。

训练要点：

主要对孩子平衡、触觉方面进行锻炼。它可以摆成不同形状的图形，让孩子在上面走，使其脚底得到按摩，促进血液循环。

（十二）平衡踩踏石

主要适用于身体协调不良的孩子，针对前庭、平衡不足和本体感不足，对手脚配合也有很大帮助。

训练要点：

1. 将踩踏石排成一排（可按不同的方式）当作过河石，让孩子从上面走过去，主要训练孩子的平衡能力。

2. 将踩踏石加上拉绳，用手拉住绳子保持平衡，双脚配合绳子的拉动往前走。主要训练孩子的手脚配合以及平衡能力。

（十三）手摇旋转盘

手摇旋转盘是一种四周有把手的圆形旋转盘。它有大、小两种规格。小手摇旋转盘适合单人使用，有两个把手。大手摇旋转盘可供单人或双人共玩，四周有四个把手。

手摇旋转盘主要适用于多动症、身体协调不良的孩子。

训练要点：

坐在平衡台上，左右摇晃，由于坐姿的重心较高，平衡器官的刺激和肌肉的张力也必定很高。这种活动对前庭体系和平衡反应有高度统合作用，可强化前庭感觉的刺激对关节、肌肉等本体感觉的发展。摇晃和旋转时的身体活动，借由肌肉伸展反射信息对运动企划的养成和提高帮助很大。

1. 仰躺或俯趴摇晃。

2. 站立摇晃，也可以增加抛接球游戏。

三、重要的本体训练项目

（一）趴地推球

主要使用的球类是篮球。

主要适用于注意力不集中、身体协调不良的孩子，对前庭刺激较大。

训练要点：

加强颈部肌肉的锻炼以及身体的协调能力，用于改善孩子注意力的分散，培养孩子坚持不懈的良好品质。孩子趴在地上，球摆在面前，离墙壁约 30 ~ 50cm。双脚并拢，手臂抬起，肘关节不撑地，双手对墙连续推球。

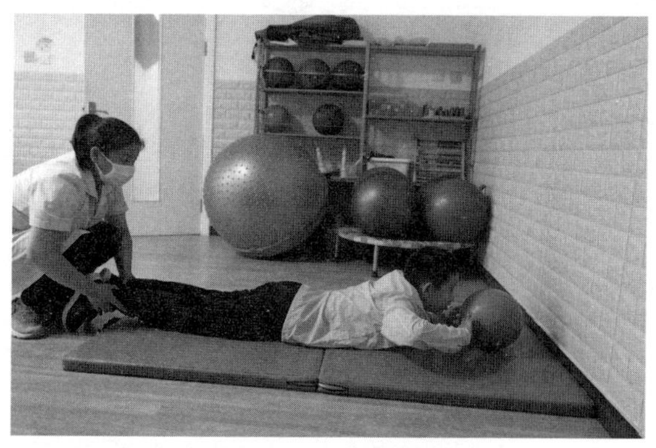

图 6–14　趴地推球

（二）平衡踩踏车

平衡踩踏车是一种手扶踩踏车，由两块踏板、四个轮子和两个扶手组成。

平衡踩踏车主要适用于平衡感或本体感不足的孩子，而且对于膝关节（灵活度）也有所锻炼。

训练要点：

让儿童握住手柄，保持身体平衡，用脚踩踏板，使踩踏车向前或向后行进、倒退。

1. 在孩子熟练之后，可以将扶手拆下，让孩子在没有扶手的情况下，练习随意地踩踏车子前进、后退。

2. 让孩子边踩踏车子，边和指导老师做抛接球游戏。

3. 在踩踏过程中也可做投篮动作。

图 6–15　平衡踩踏车

（三）平衡圆

平衡圆是由塑料或木材做成的圆形平衡器材，在两只圆弧板中间是间隔的横杆。

平衡圆主要适用于身体协调不良、多动症的孩子。

训练要点：不同的组合对于孩子的训练目的也不同。它主要训练孩子平衡、前庭、触觉、重力、专注力以及身体协调等。

1. 整圆：让孩子在上面正走、倒走、闭眼走、拍球走或抱球走。

2. 半圆：①躺在里面晃动。（前庭）②站在上面晃动（平衡）；也可在晃动过程中投、接球；③攀爬：半圆站立让孩子爬，这样对孩子身体协调有帮助。

3. 四分之一圆：①可当作平衡台，站在上面晃动并抛接球；②可作攀爬用。

4. S 形圆（平放）：主要锻炼孩子的平衡能力，玩法同整圆。

5. S 形圆（立放）：让孩子在上面做上下攀爬动作。这种玩法有难度，对孩子全身协调帮助较大。

（四）滑梯

一般分为直滑式和螺旋式两种，是主要由塑料材质做成的滑行器材。

滑梯主要适用于本体感不佳的孩子，对身体形象的塑造帮助很大，有助于维持高度的平衡感觉。

训练要点：

主要针对小孩子，对前庭产生刺激。

1. 坐着滑行。

2. 倒溜滑梯。

3. 趴着滑行。

（五）独脚凳

独脚凳是由塑料或木材做成的平衡器材。

独脚凳主要适用于本体感不足、身体协调不良的孩子。

训练要点：

孩子坐在凳上，左右摇摆，做伸臂练习，保持身体平衡。

图 6–16　独脚凳

（六）平衡木

平衡木是由塑料积木摆放而成。宽度约 15cm，仅够孩子双足并拢站立。高度 20 ～ 30cm。长度和方向可做不同的变换。

平衡木主要适用于身体协调不良、多动症的孩子。

训练要点：

不同的组合对于孩子的训练目的也不同。它主要训练孩子平衡、触觉、重力、专注力以及身体协调等。

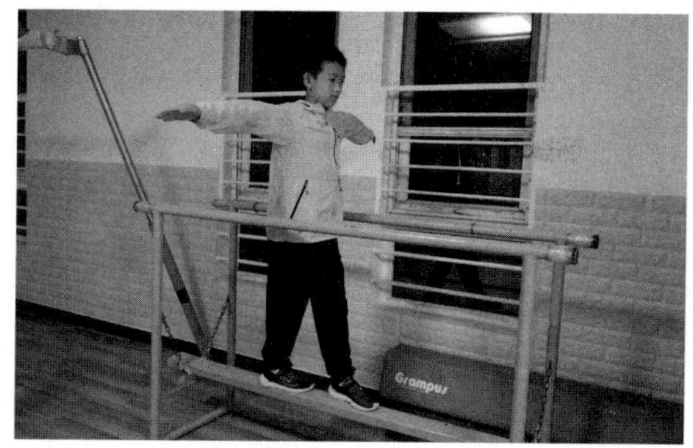

图 6–17　平衡木

1. 呈直形板行走。

2. 呈方形板行走。

3. 呈圆形板行走。

四、综合训练项目

（一）脚步器

脚步器由不同形状的手形、脚形、字母、数字构成。

脚步器主要适用于身体协调不良、注意力不集中的孩子，让孩子建立数构空间概念。

训练要点：

训练孩子的注意力、身体协调能力、视动能力、控制能力以及方向感。走动时自然放松、身体正直、全身协调、注意力集中，促进和提高孩子的平衡力，帮助孩子建立前庭－固有平衡，发展协调性，提高孩子的注意力和观察力。

（二）万象组

万象组是由塑料做成的器材，可以有不同的摆法。主要适用身体协调性不良、本体感不佳、缺乏柔韧性、力量性的孩子。

训练要点：

2 ~ 3 岁：爬圈、走平衡木、跳（脚印）；

3 ~ 4 岁：跳、阶梯走、爬圈 + 独木桥；

4 ~ 5 岁：单脚跳、阶梯走、爬圈、跳 + 投篮；过河石、弯腰过障碍、跳、跑。

6 岁以上：过河石、弯腰过障碍、跳、跑。

第 3 节

感觉统合训练室的设置和训练人员的配备

感觉统合训练室一般需要有 80 ~ 100m²，最好有良好的通风条件，阳光充足，四周环境优美。室内装饰简洁、明快，色彩柔和，让人感觉舒适。地上可以铺绿色地毯，墙的四周要认真检查并排除安全隐患，凡是孩子可以接触到的地方都不应有危险品（如铁丝、图钉等）存在，以免训练时对孩子造成伤害。

训练器材要选择质量较好、颜色较鲜艳的。因为质量较好的器材比较结实耐用，颜色鲜艳的器材最能吸引儿童的注意。还要根据孩子体形的大小给他们准备不同型号的器材，像小滑板、羊角球都有不同的型号，可以满足不同体形大小的孩子。另外，训练器材要定期检查和修理，发现松动的螺丝要及时拧紧。损坏的器材要及时修理，不能修理的要及时报废，并到库房领取新的训练器材。最后，器材要保持清洁，经常清洗，良好的卫生习惯也是保持健康的关键。

训练人员的配备，一般每设置一个项目就要安排一名指导老师，对于年龄偏小或有较严重问题的儿童最好实施一对一训练，再有一名总体安排的老师就可以了。

训练人员的多少要根据儿童数量的多少做相应的调整。如果人数较少，一名训练人员可以兼做几项训练，人员就可以减少；而当儿童人数较多时，只有充足的训练人员才能保证训练计划的有效实施。

第 7 章
Chapter 7

特殊问题儿童的感觉统合训练

小海上幼儿园中班。据老师反映，他精力特别旺盛，中午从来不睡觉，还影响别的小朋友。上课也坐不住，经常走来走去，手也不闲着，爱打别的小朋友，手很重。爱大声说话，大叫大笑。不和小朋友一起玩，自己想干什么就干什么，好像从不知道累。老师得专门盯住他，对他很头疼，甚至怀疑他是不是得了多动症。

在上一章中，我们介绍了专业的儿童感觉统合训练技术。在感觉统合训练的实际应用中，还有一些特殊情况需要注意。比如，多动症、自闭症、抽动症、存在语言问题或智力问题的孩子，就需要安排特殊的感觉统合训练。

本章将介绍多动症、自闭症、抽动症等特殊问题的表现和产生的原因，对特殊问题儿童的治疗和教育方法给出建议。

第1节

多动症

一、什么是多动症

多动症在临床上又称注意缺陷多动障碍，多动症在儿童精神科和儿童保健科门诊病例中居前三位。男孩发病率明显高于女孩，比例为 4 ∶ 1。但家长觉得孩子有多动症，最后真正确诊的只有 17.6%，可能是部分家长并不知道“好动是孩子的天性”，对孩子要求过高、限制过多的原因。

那么，什么样的孩子是多动症呢？还是先让我们来看看多动症儿童主要的临床表现吧。

（一）活动过度

活动过度大多开始于幼儿早期，进入小学后因受到限制，表现更加明显。部分儿童在婴儿时期就开始表现得格外活泼，常从摇篮、小车里向外爬。开始学步时，往往是以跑代走。年龄稍大时，看画或小人书看不了几页，就换一本或把书撕了，甚至翻箱倒柜，搞得家中乱七八糟。进入小学后，患儿听课时小动作不停，屁股在椅子上扭动，把书本涂得不像样子。他们的手闲不住，凡是能碰到的东西总要碰一下，因喜欢招惹别人，常与同学争吵或打架。又因好插嘴及干扰大人的活动，经常引起大人的厌烦。

（二）注意力集中困难

患儿的注意力很容易受环境影响而分散，因此注意力集中的时间短暂。在玩积木或游戏时往往也显得不专心。上课时，专心听讲的时间短暂，作业常听不清楚，以致做作业时常出现遗漏、倒置和解释错误，对来自各方面的刺激几乎都能有反应，不能将无关刺激过滤掉，导致注意力难以集中。注意力集中短暂和注意力易分散是多动症最常见的症状。

（三）情绪不稳，冲动任性

多动症儿童由于缺乏克制能力，常对一些不愉快的刺激做出过分反应，甚至在冲动下伤人或破坏东西。他们要什么非得立刻满足。他们情绪不稳，会无故叫喊或哄闹，无耐心，做事情急匆匆的。冲动任性是多动症突出而又常见的症状。有的学者将其作为核心症状看待。

（四）学习困难

多动症儿童智力水平大多数都正常或接近正常。然而以上原因和症状给儿童学习带来了一定的困难。

部分多动症儿童存在知觉活动障碍，如在临摹图画时，往往分不清主体与背景的关系，不能分析图形的组合，也不能将图形中各部分综合成一个整体，甚至分不清左右。前者表现属于综合分析障碍，后者属于空间定位障碍。他们还在诵读、拼音、书写或语言表达等方面存在困难。他们经常未经认真思考就回答、认识不完整，也是造成学习困难的原因之一。

多动症儿童的临床症状变化有时与其所处场合、活动内容有关。此类儿童在做作业或从事重复性、需要巨大努力的活动或做没有新奇性的事情时，最难维持注意力。当从事有吸引力的活动或处于新的情况下或不熟悉的环境时，其症状可以减轻。在经常有指导语重复的情况下，患儿完成任务问题不大。在没有特别严格的规范和纪律要求时，多动儿童与正常儿童区别不大。这说明多动症儿童症状的严重程度受环境影响，并与其有高度相互作用。

二、多动症产生的原因

（一）遗传因素

多动症儿童的近亲中常有多动症病史，如父母中也有活动过度者，比对照组多 4 倍。研究证明单卵孪生子女，一个为多动症，另一个几乎也是多动症，而且双卵孪生子女极少有此现象。

（二）脑部器质性病变

孕妇吸烟、酗酒、用药不当、受到辐射；产前、产时、产后缺血、缺氧引起的轻微脑损伤；难产、早产、窒息、颅内出血或宫内发育不良；出生后有脑外伤、高热惊厥、脑炎、脑膜炎、癫痫、一氧化碳中毒史等。据帕萨马尼克（Pasamanick）研究发现，围生期并发症后常表现两个极端：一个是死亡、智力发育迟滞、癫痫和脑性瘫痪；另一个是轻度学习困难和活动过度。

（三）神经生理学因素

雅库夫列夫（Yakoulev，1967）提出多动症是由于大脑额叶发育迟缓引起的。此外主要指前额叶，因一切感觉和运动功能都在此进行分析综合和调节。还有学者对脑诱发电位研究认为，在接受光、声和微电流刺激时，经过眼、耳、皮肤等感受器将信息传向大脑，引起脑皮层一连串活动。这些活动都与脑皮层的功能状态和复杂的心理生理因素有关。

（四）生化因素

几乎一半以上的多动症患儿血铅含量较高。一般认为，当儿童血铅水平大于每升 1.93 微摩尔（相当于每升 400 微克）时，儿童的精神机能就会发生紊乱，逐渐变得散漫，组织能力差，上课不能集中注意力，学习成绩下降。尤其是在交通拥挤的大城市，从小大量吸入含铅的汽车尾气，还有居室装修中油漆含铅量更是与孩子的生活密切相关。孩子从一出生就陷入铅中毒的环境。当铅毒素日积月累，沉积到一定程度就会干扰中枢神经介质乙酰胆碱和儿茶酚胺的正常代谢，使大脑皮质的兴奋和抑制过程发生紊乱，于是通过坏脾气、多动等症状体现出来。颜色鲜艳、外表好看的碗碟，其含铅量往往比较高，长期使用很容易造成铅中毒。孩子画画用的蜡笔、油画棒等产品如果质量不合格，也会增加铅中毒的危险。而吃手、含咬铅笔、蜡笔等行为，也为铅进入人体提供了便利。另外，体内铅含量高还会抑制铁、锌的吸收，而缺铁、缺锌也容易导致儿童多动症。

（五）食品因素

医学家们发现，含水杨酸盐多的食品（如番茄、苹果、橘子、杏等）、某些食品添加剂（如调味用的胡椒油、味精及某些食用色素）都与儿童多动症有关。若限制上述食品及添加剂的摄入，有近一半患儿的多动症会消失。另外，高糖饮食也可以引起多动症。高糖饮食会使儿茶酚胺等神经递质分泌不足，从而引起多动。喜欢吃糖果的儿童，嗜糖如命，他们往往也冲动任性、情绪不稳、易发脾气、睡眠不安稳。由于注意力不集中，学习成绩也就较差，他们的这些症状也类似于多动症。此外，食入含铝过多的食物，如油条、油饼及使用含铅过高的餐具、食用含铅高的食物，如爆米花等，也可以引起脑神经生物化学的改变，影响视觉、记忆、感觉、思维、行为等方面的变化，出现多动症。

（六）心理社会因素

婴儿缺乏早期母爱以及母亲患抑郁症，家庭的养育方式不良，父母离异，家庭气氛紧张，父母性格暴躁，儿童经常遭受打骂等；有的父母过于溺爱孩子，对孩子的要求百依百顺，不注意培养孩子良好的生活和学习习惯，造成孩子娇生惯养，随心所欲，自制力差，缺乏克服困难的意志和毅力。

如果老师或家长对儿童学习和行为过于苛求，造成其心理上过度紧张、情感压抑而出现行为异常，老师或家长则错误地认为是孩子有意对抗，又采取暴力式的管教，也会加重其症状。

三、关于多动症的诊断

在美国，要诊断一个孩子是否为多动症，并不是一件简单的事。家长往往带着孩子看了多家权威医院也不能得出结论。到目前为止，国内的儿童多动症尚无明确的病理变化作为诊断依据，主要是以患儿的家长和老师提供的病史、临床表现为特征，以体格检查、精神检查为主要依据。

四、关于多动症的治疗

多动症的预防和治疗主要有以下几个方面：

（一）建议每个儿童都定期检查，以便及时治疗

如果发现血铅含量超标，应在医生指导下及时服用排铅药物。教导孩子勤洗手、不含咬铅笔头，尽量避免让孩子在大马路边玩耍，少吃或不吃含铅量高的爆米花、松花蛋等食品。

（二）注意儿童食品健康

患多动症的儿童可多吃鱼。鱼类脂肪中含有大量多不饱和脂肪酸，对脑细胞的发育有重要作用，还可以改善脑功能，提高记忆力、判断力。另外，患儿还宜多食用富含卵磷脂和

B 族维生素的食物。平时给孩子多吃一些瘦肉、蕈类、豆制品等含卵磷脂多的食物，这对改善记忆也有帮助。要经常食用富含蛋白质的食物，如鸡蛋、牛奶等，它们可使体内有关氨基酸增多，缓解多动症。在微量元素方面，应多食用富含铁和锌的食物，如动物肝脏、动物血，以及一些海产品（鱼、虾、牡蛎、海带等）。为了平衡膳食，每天还应食用新鲜蔬菜和水果。

（三）认知行为治疗

这种疗法对控制多动行为、冲动和侵犯行为是有效的。道格拉斯（Douglas）描述：在治疗多动症时，教会每个人“停下来、看一看、听一听、想一想”。通过语言自我指导、角色排演、自我奖赏和自我表扬的方法，来改善矫正儿童的行为。据观察，短期行为治疗比长期效果好。一般治疗期限为 10 ～ 15 次，一个疗程时间为 1 小时。

（四）特殊教育项目

有的国家将 1/3 多动症儿童安排在 1 ～ 2 年级接受特殊教育，帮助其解决学习困难。但是绝不可以将这种特殊教育贴上“落后”或“学习迟滞”的标签，创造良好的学习环境是特殊的教学方案，甚至要配合医生、心理学家的指导。目前，国内心理医生奇缺，还达不到这样的辅导水平，往往由家长在心理专家的指导下来实现对孩子的特殊教育，包括行为训练和陪读。

（五）家教咨询

家庭对于多动症的全面了解是治疗的关键。在确诊之后，专业人员和家长务必就障碍本身、行为矫正、情感支持、药物治疗以及预后等问题进行全面的交流。儿童本人需要获得支持，家庭也需要得到支持。除去家庭的不和谐因素，改善父母关系以及亲子关系对多动症的治疗尤其是防止继发性障碍可以起到较好的效果。父母亲参与孩子的活动，使孩子动静结合，有目的、有计划地活动，可以培养孩子良好的学习和生活习惯，对于减少多动、改善注意力有帮助。

（六）社会化的技能

这类儿童不只限于在学校班内学习，而且在家庭内外也应接受学习方法、人际关系等方面的指导。在有条件的情况下，要让多动症儿童与有同情心的伙伴多接触、多玩，如参加运动队的活动，不仅使其提高运动技能，而且也为其提供了完成社会化的环境。

（七）父母管理班

家长要知道“额外的要求会引起额外的行为”。父母常频繁地责备儿童的问题行为。如果父母对多动症儿童缺乏明智或中肯的批评，就会造成儿童更多的问题行为。因此，父母需要特殊的帮助。应为多动症儿童家长开设“父母家庭教育班”，以便使其了解如何以和谐的方式与孩子相处，学习如何选择合理的期望值。父母必须学会用良好的方式来限制孩子的某些行为，指导他们完成一些家务劳动，并负担一定的责任。父母需要掌握正确、有效的行为矫正方法。

（八）感觉统合训练

采用感觉统合训练治疗多动症，可以取得不错的效果。多动症儿童可以在感觉统合训练中学习控制冲动和攻击行为，学会听从指导，并且增强自尊心和自信心。当运动能力和感觉处于良好状态时将会改善他们的过度活动。

（九）药物治疗

某些中枢神经兴奋剂如利他林、右旋苯丙胺、甲基苯丙胺、匹莫林等对治疗多动症有意义。但易产生的不良反应是食欲下降、失眠、头痛、胃痛、易怒、生长缓慢、抽动等。正处于生长发育关键期的儿童在服用此类药物时，需要采取格外慎重的态度。只有当多动症较为严重，并且影响孩子的学习、干扰家庭及学校秩序时，才需要药物治疗。药物治疗必须遵医嘱。

总之，多动症是由生物、心理、社会诸多因素引起的，当然应该是三方面的综合治疗。如果能长期合理治疗，到成人时期一般预后是好的。预后不好者占治疗组的 1/5 以下。一般有并发症者预后不好，所以儿童期的干预和治疗是有必要的。

对有上述表现的孩子，家长应该引起注意，请教专家加以诊断和治疗。在进行感觉统合训练的同时，对已患有多动症或虽然不是多动症却有多动倾向的孩子，父母可以通过改善环境的办法来帮助孩子治疗。

（十）环境治疗

通过改变父母、教师及社会对患者的态度来改善环境，达到治疗效果。这包括以下几点：

1. 明确疾病性质，正确加以对待。父母应认识到多动症是一种疾病，应设法了解病因，积极寻求治疗，而不应采取粗暴、歧视、冷淡、责骂、惩罚等措施。这样做不仅会加重病症，而且会加重患儿的自卑、忧虑、孤僻或反抗心理。

2. 逐步矫正多动行为。应逐步减少孩子的多动行为，而不应订立过高的目标，马上要求他们变成安静的乖孩子。过分的要求只会导致彼此间的关系紧张。

3. 让孩子多参加丰富多彩的文体、社会活动，使他们能有机会宣泄过剩的精力。

4. 鼓励孩子的安静行为，用口头表扬、鼓励等强化方法逐步培养他们养成能静坐、能集中注意力学习和做事的习惯。

5. 培养孩子形成良好的生活习惯。应该让他们从小养成按时作息、有规律的生活习惯，保证充足的睡眠时间，并培养他们一心不二用的好习惯，例如吃饭时不看电视等。不迁就孩子的某些兴趣，例如不能无限制地让他们长时间看电视或电影等。

6. 消除家庭中导致多动症的不良刺激或精神紧张因素，协调家庭关系，缓和家庭气氛，防止因家庭因素使孩子心神不宁、焦虑紧张和兴奋。

7. 规矩简单、明确。对这类孩子进行要求的要点是防止他们的鲁莽行为损伤自己或危害别人。因此，所定的规矩能达到这种目标就行，不宜制定过多的清规戒律。

8. 恰当对待。父母既不能歧视、责骂或殴打，也不能以“病”为借口而过分迁就，使他们更加任性和好斗；既要耐心教育，又要严格要求。父母要主动与学校老师经常保持联系，相互反馈信息，共同促进患儿的病情好转。

第 2 节

自闭症

一、什么是自闭症

辰辰的妈妈打电话咨询，也许是她隐约感到她的儿子可能会有什么问题。但是，从内心来讲，她还是不愿意承认这个现实。在电话中，她是这样说的：“我儿子今年 5 岁，他对水管有着特殊的兴趣。无论看见哪里的水管，他都会仔细地看，有时还问我，水管里的水是怎么出来的呀？开始我没当回事，心想他有感兴趣的事是好事，说不定将来能成为他的专长。我还认真解答儿子的问题。可是后来，他总是对水管感兴趣，常常问类似的问题。我和他说话他也所答非所问。”

想到在心理诊所见过的另一个孩子，他对任何地方的电扇都感兴趣。即使是在冬天，他看见电扇也一定要打开，并且盯着看。那是一个孤独症患儿。所以，我问辰辰的妈妈：“那你有没有注意辰辰其他方面的表现？比如，他是否能和同龄的小孩一起玩？”她说：“我也鼓励他和别的小朋友玩，但他好像不会和别人玩，经常玩着玩着就自己一个人在边上了，可能是比较内向吧。”“那他的运动能力怎样？会拍球了吗？会跳绳了吗？”“都不会，我们没有教他。我就觉得他听不进我们的话，将来学习可能会受影响。”“那么，您带孩子来心理诊所看一看吧，我们会给孩子做比较全面的测试。如果有问题，也好及时地帮助他。”

经过测查，这个孩子有较轻微的孤独倾向，同时注意力集中能力较差，需要进行感觉统合训练。在咨询过程中，我们鼓励家长尽量多地安排和孩子之间的互动游戏，也让孩子多一些和其他同龄孩子的接触，观察孩子的表现，看看有哪些表现是需要改进的。结果，三天之后，辰辰的妈妈又打来电话，说辰辰想和别人玩，但总是去亲对方。这样别人很反感，也不愿意和他玩。“我平时就总是亲他。现在我也该改改了，不能总是亲他，而是表达我的要求，这样他也会学的。”辰辰的妈妈发现了自己在教育儿子过程中存在的问题，并且注意改进了。

上面这个案例说到的是关于儿童孤独症的问题。当然，这并不是一个典型的例子。在实际工作中，每一个案例都有其特殊性，往往是不能简单地用一个具体的名称来下结论的。那么，什么是孤独症呢？孤独症又称自闭症，是一种先天脑部功能受到损伤而引起的发展障碍，通常在幼儿两岁半以前就可以被发现。自闭症（Autism）的概念最早于20世纪40年代由美国医生从“儿童精神病”范畴中分离出来，至今不过几十年。在这几十年中从无到有，发展起来，至今已成为跨越医学、心理学、教育学几个学科的边缘学科。自闭症研究至今已有几十年的历史，但仍没有明确的定义。不过一般学者均承认：自闭症是中枢神经系统受损所引发的普遍性发展障碍，常伴随有智力障碍、癫痫、多动、退缩以及情绪等障碍。自闭症出现在第一胎男婴的概率相当高，就其出现的概率而言，大约是万分之二至万分之五，且男性的出现比例是女性的三至四倍。

二、自闭症儿童的特征

自闭症儿童的特征，是在多种基本心理功能的发展方面发生障碍，例如人际关系、注意力、知觉、现实感、动作、语言等方面。一般自闭症的成因是脑损伤引起的症状。自闭症的孩子从幼儿时期起，就可能表现出不理睬他人，目光不能对视，对人缺乏反应，不怕危险，不容易和亲人建立亲情关系，不会像一般儿童模仿学习。有 50% 的自闭儿不会说话，或答非所问，或只会简单地重复别人的话。自闭症患者从小开始便表现出语言理解和表达困难、难与身边的人建立情感关系、对各种感官刺激的异常反应及一成不变、难以更改的固定玩法与行为等和一般儿童不同的特征。自闭症的特征会随着年龄、智商及自闭症的严重程度而表现不同。

（一）自闭症儿童的行为与能力特征

1. 社会交往能力：自闭症儿童经常独来独往，并且沉浸在自己的天地中，和其他人甚至是父母都较缺乏情感交流。对于自己的习惯相当坚持，若将其固定的事物更换，则会使自闭症儿童感到不舒服。

2. 语言表达能力：单纯的自闭症儿童的语言发展几乎都

会出现问题。这种现象包括刚开始不会说话，后来语法错误，发展迟缓，单纯重复，不了解语言的意义。

3. 重复刻板行为：自闭症儿童一般都会表现出这样或那样的刻板行为或刻板动作，例如转圈、嗅味、玩弄开关、来回奔走、排列玩具和积木、特别依恋某一种东西、爱看电视广告或天气预报、爱听某一首或几首特别的音乐，但对动画片通常不感兴趣。往往在某一段时间有某几种刻板行为，并非一成不变。

4. 智力异常：70% 左右的自闭症儿童智力落后，但这些儿童可以在某些方面显得有较强能力。20% 智力在正常范围。约 10% 智力超常。多数患儿记忆力较好，尤其是在机械记忆方面，例如数字、年代等。对音乐特别有兴趣。

5. 感觉异常：大多数自闭症儿童存在感觉异常，比如，对某些声音的特别恐惧或喜好，对某些视觉图像很恐惧，不喜欢被人拥抱，痛觉迟钝。

6. 其他：多动和注意力分散行为在大多数自闭症患儿身上较为明显，常常被误诊为儿童多动症。此外发脾气、攻击、自伤等行为在自闭症儿童中均可以看到。

（二）自闭症儿童可能的症状

1. 注意力集中的时间短暂。

2. 漫无目的地动个不停或活动过少。

3. 容易踮脚走路，而且常跌倒及碰伤。

4. 目光飘浮不定。

5. 抄写功课时，容易将字写相反（左右相反）或超出格子。

6. 读书时，容易跳行或漏字。

7. 不喜欢被人碰触或抚摸；或者过分喜欢碰触各类东西。

8. 精细动作（使用剪刀、系鞋带、拿筷子等）协调性较差。

9. 不喜欢被举高及旋转；或者特别喜欢玩攀爬及旋转的游戏，而不知道害怕。

10. 对于跳绳、踢毽子、踢球、传接球等活动操作有困难。

三、自闭症的成因分析

自闭症不是由父母的养育态度所造成的，其成因目前医学上并无定论，很可能是多方面的因素造成脑部不同地方的伤害。可能造成自闭症的因素有下列几项：

（一）遗传因素

有 20% 的自闭症患者家族中可以找到智能不足、语言发展迟滞和类似自闭症的成员。此外，自闭症男童中约 10% 有染色体脆弱症。

（二）孕期病毒感染

妇女怀孕期间可能因德国麻疹或流行性感冒病毒感染，使胎儿的脑部发育受损而导致自闭症。

（三）新陈代谢疾病

如苯酮尿症等先天的新陈代谢障碍造成脑细胞的功能失

调和障碍，会影响脑神经信息传递的功能，而造成自闭症。

（四）脑伤

窘迫性流产等因素造成的大脑发育不全，生产过程中早产、难产、新生儿脑损伤，以及婴儿期因感染脑炎、脑膜炎等疾病造成脑部伤害等因素，都可能增加患上自闭症的概率。

由于自闭症的个别差异极大，加上致病的原因始终不明，因此目前并没有确实有效的治疗方法。只有借助认知教学、感觉统合训练、语言沟通训练等教育来减轻其问题的程度。其他还有音乐治疗、艺术治疗、动物治疗、沙土游戏治疗等方式。

国际上目前应用广泛并得到普遍认可的治疗自闭症的方法就是ABA。ABA是实用行为分析的简称：A——前因、B——行为、A——后果。实用行为分析的基本原理是美国行为主义心理学大师斯金纳提出的操作性条件反射理论。斯金纳认为，个体先出现某些行为，如果这一行为受到强化，那么，以后在类似情境中，这一行为出现的概率就会提高。所谓强化就是奖励，包括给予某种能满足孩子生理需要或社会需要的刺激物，前者如食物，后者如微笑、亲吻等。实用行为分析适用于教孩子一切应该学会的生活技能、学业、学习以及不当行为的纠正。由于自闭症孩子不像普通孩子那样会主动地、潜移默化地自己学会很多生活常识，因此我们在自闭症孩子的终生教育中要常用到一个词“干预”。所谓“干预”就是全面介入孩子的生活，让孩子每时每刻都处于学习中，而学习内容涉及生活的方方面面。在这无时无刻的教育中所必须应用的基本原则就是 ABA。家长应该活学活用 ABA，让其指导您对孩子的全部教育过程。

四、自闭症儿童家长的教育原则

首先，认识并勇敢地接受事实，不必怀有内疚或罪恶感，尊重孩子，不以孩子为耻，以平常心对待自闭症的孩子，以坦然的心情，带着孩子走入人群与公共场合。家人要互相体谅，彼此调整生活作息，并做出合理的分工，避免因教养孩子而心力交瘁。教养孩子不必孤军奋战，应寻求适当的协助，家长们相互联系，发挥团结的力量，为子女的各项权益而努力。

第二，了解正确的教育知识和方法。尽量让孩子拥有正常社交生活的机会，并随机教育周围的人，自闭症孩子和他们想象的不一样，提高人们对自闭症孩子的理解。了解孩子的能力，不要让孩子做超出能力的工作，以免造成挫折。只要是力所能及，尽量让孩子自己做，不要过度帮助他，避免让使孩子失去学习自立的机会。不要只看到孩子所失去的能力而想加以挽回，而是应该看他具有什么能力而去启发他。用智慧来实践对孩子的爱，用爱来化解障碍。

第三，适当地处理自闭症儿的情绪问题，并首先控制自己的情绪，避免将自己的情绪发泄在孩子或家人身上。了解身心障碍孩子的权益和在家庭中的地位，不能因孩子身心障碍就否定孩子的一切。

五、自闭症儿童家长的教育方法

首先，仔细观察，认真分析。导致自闭症儿童情绪和行为问题的原因很多，也很复杂。家长平时就要仔细观察儿童问题行为发生的频率、强度和对周围环境及对儿童本身的影响并做好详细记录。然后，在此基础上认真分析其原因和目的，以便及时处理或根据实际情况调整、改变教育训练方法。如果是孩子身体不舒服，应该及时请医生检查治疗；如果是训练要求太高或方法不当，应及时调整对其要求和训练方法；如果是其他原因，家长应根据实际情况及时处理。

第二，把握时机，积极处理。导致自闭症儿童情绪和行为问题的原因十分复杂，其发生时间、频率也不固定，随时随地都有可能发生。因此，作为指导者一定要在认真分析原因的基础上，切实把握好时机，用科学的、符合儿童实际的方法积极地处理，切忌消极应付。

第三，合理要求，逐步提高。在日常生活、教育训练活动中，家长要充分考虑儿童年龄、智力、病程、教育训练程度、接受能力等因素和训练内容、时间安排等实际情况，充分考虑儿童的需要，对儿童提出合理的要求，并根据儿童的发展水平逐步提高要求。

六、主要治疗方法

（一）感觉统合训练

感觉统合训练是治疗师根据儿童的感觉统合能力和动作发展状况，以游戏形式让儿童在活动中做一些符合他们需要的游戏活动，儿童一般比较容易接受。感觉统合训练之初对情绪行为等会有急速、显著的改善效果，以后可能会逐渐缓慢。因此，还需要配合使用其他方法，以进一步矫正和稳定情绪、改善行为能力。

感觉统合是人类对于自己身体跟周围环境接触时产生的一些感觉，通过感觉系统（视觉、听觉、触觉、味觉、嗅觉、前庭平衡觉、运动觉）传送到脑部做一些分析，所以人会有所领悟、学习，或在运动系统中做出反应。这对自闭症儿童行为的社会化能够起到促进作用。感觉统合训练是针对自闭孩子的感觉异常问题所进行的治疗。它依照自闭症儿童的生理及心理发展与个别差异，设计出了一些有计划的适合孩子的活动。其中包括利用悬吊、秋千、旋转及滑板等器材，让自闭症的孩子在多种有变化的活动过程中，得到丰富且适当的感觉刺激，以促进感觉统合功能的正常化。通常接受感觉统合治疗的孩子会慢慢适应新的环境，与治疗师形成良性互动，有利于缓解自闭倾向。但整个治疗的过程是比较困难的，如何激发儿童的自主运动是指导训练的重点。在儿童感到困难时，用“我们一起做”“试试看”“你能行”等语言或行动鼓励儿童，逐步克服平常教育训练中因儿童能力不足、训练形式枯燥等原因带给儿童的困难，只有这样，才能逐步培养儿童的兴趣，让儿童感到快乐，进一步有效地化解儿童因做不到而产生的焦虑和紧张，并逐步协助儿童建立起足够的自信心和自然的情绪。

运用感觉统合训练需要的教具要以能够使儿童得到适宜的刺激感觉为宜。这些教具及训练包括滑板、秋千、网缆、悬吊橡皮圈、弹簧床、溜滑梯、平衡船、旋转盘、吊网旋转、吊杆倒吊、排球、足球或橄榄球上滚摇晃动、大笼球、彩虹桶内滚动、悬吊木马上摆动、刷子或海绵或电吹风刺激或摩擦手指手臂或全身、玩黏土、沙子、手指画画、玩橡皮泥、挠痒游戏、海洋球池，等等。

（二）行为矫正

行为矫正是依据学习原理来处理行为问题，从而引起行为改变的一种客观而系统的有效办法。其中许多方法对处理自闭症儿童的情绪行为有着积极作用。

1. 正面练习

当自闭症儿童发生情绪或行为问题时，要求儿童立即将双手放在头上，从头开始、到肩、到腰、再到腿（坐姿、站姿均可），每个部位停留 15 ~ 30 秒钟。如果儿童有一定的语言表达能力或数数能力，指导者可以让他数数（从 1 数到 30）来计算时间，同时也在一定程度上分散其注意力。如此反复练习，直到他情绪稳定为止。

2. 忽略与增强

当儿童发生扯头发、打头、用头撞墙、咬手、在地上打滚等问题时，如果家长急着哄他或试图抱起他，他可能会发作得更厉害。因此，在没有影响儿童自身或他人生命及财产安全时，家长可以故意不予理睬，最好在其情绪好转前不要正眼看他，他的脾气反而会逐渐停止发作。待孩子恢复正常情绪时，家长再及时制止，从而以增强良好行为来减少问题行为的发生。家长还应在儿童情绪良好时，充分运用表扬、鼓励等方法给予间歇性强化，以增强其良好情绪的出现与保持。

3. 厌恶制约

对有自伤特别是严重自伤和攻击他人行为的儿童，家长可以适时采用厌恶制约，即把自伤和攻击他人等行为症状与不愉快的体验（如言语谴责、物理统制等）结合起来，利用产生不愉快甚至痛苦体验的条件刺激来代替自伤和攻击他人等异常行为，使儿童在更深程度上体验行为与结果之间的关系，从而使其自动阻止并消除自伤和攻击他人等不良行为。对一般咬手行为可用黄连、胡椒等有苦味、辣味之物涂在所咬之处；对严重咬手指、手腕、打头等自伤行为，可用橡皮筋弹击（注：力度不能太大）所咬之处及其周围。但是，这种方法尚需考虑人道、法律和副作用。因此，使用时应十分小心谨慎。

4. 隔离

当儿童发生捣乱（抛掷玩具、损坏玩具等）、攻击他人（咬人、打人、踢人、在楼梯上推人、吐口水、揪头发等）、发脾气（哭叫、跳闹、饭桌上乱扔食物等）等行为时，家长可以立即（在不良行为出现的 5 秒钟内）取消他正在进行的活动或撤除他正在享用的正性强化物，或将他与其他儿童、当时场景隔开，转移到正性强化物较少的情景中去，即暂时隔离。暂时隔离的时间一般遵循 1 岁 1 分钟的原则，也可根据其生理年龄和心理年龄等情况酌情考虑时间的加减。如果使用隔离室，那么，隔离室的设计应相对科学，严防儿童自伤。在暂时隔离过程中，当儿童出现良好行为时，家长应立即减少或撤除原有的厌恶刺激或情景，并使之日后在同样情景下提高该替代性良好行为的出现率。

（三）认知行为疗法

认知行为疗法的基本着眼点在于信念、知觉等内部思想的改变。它试图通过帮助儿童摆脱消极观念，转而接受更积极的思想，从而保持身心健康、改变行为。它仍然遵循教育和学习的原理，吸收了行为矫正技术，对儿童进行指导训练。它强调改正不适当的认知形态及想法是矫正情绪困扰或心理疾病的关键。它是行为矫正的深入发展。

1. 认知功能训练

认知能力一般泛指认识事物的能力、感知能力、思维能力等。而自闭症儿童从婴幼儿时期起，认知能力发展就严重不足，无法对周围事物进行合理的分析、综合、归纳、整理；对人与人之间关系的认知更是极度缺乏。许多儿童对人际交往、沟通中最基本的语言都无法理解，往往会因为无法理解“等一下”之类的话而发生行为问题。因此，长期进行认知功能训练、提高儿童的认知水平是改善儿童行为问题的重要环节和方法。

2. 沟通控制

高功能自闭症儿童表达能力较强，沟通手段和方式较多。当他们出现情绪或行为问题时，家长应积极鼓励他们不拘形式（如通过笔和纸、电脑等）地将心中的感受表达出来，促使他们与人沟通，并逐步引导他们通过主观努力解决行为问题，从而逐步达到以沟通促进情绪自我控制的目的。对于一般功能的儿童，也可以使用这种方法，比如使用沟通板、图卡、手势以及简单字词等表达内心要求、愿望，与指导者进行合理的沟通，并且以此缓解内心的压力和不快，进而逐步控制或稳定情绪。

3. 自我控制能力训练

自我控制就是自己对自己实施行为矫正的程序。自闭症儿童和正常人一样，在日常生活中，由于不断地学习和不断地社会化，使得其某些行为和某些刺激物紧密地联系在一起。在日常生活中，控制行为的刺激物和手段很多，其中物质转移和语言指导对训练儿童的自我控制能力极为有效。

（1）利用迁移手段转移儿童的自我控制能力

当儿童出现情绪行为时，家长立即将其注意力转移到他们感兴趣的物品（如食物、玩具等）上，并在一定程度上满足（但不是立即满足）其要求。同时，还要随时间推移或发生次数的变化而延长发生情绪行为与满足其要求之间的时间，进而提高其自我控制能力。

（2）语言指导

艾里斯（Ellis）的合理化情绪治疗理论认为，情绪不是由某一种诱发事件本身直接引起的，而是由经历这一事件的个体对这一事件的解释和评价引起的；不合理的信念引起不良情绪反应，通过语言指导、语言疏导可以改变不合理的信念，以逐步通过改变自己的内化或常常告诉自己的一些语句，来控制自己的情绪。其一，在上述转移控制的基础上，用语言逐步代替物品。其二，加强对儿童在对待和处理日常事务的思考方式的指导，不断强化其内心积极、正确的语句，进而提高他们的自我控制能力。

第3节

抽动症

一、什么是抽动症

张强是小学三年级学生，平时学习成绩还不错。这应该与张强妈妈的教育分不开。张强妈妈是一名教师。她很要强，平时对自己要求很严，对工作一丝不苟。家里的事她也尽力承担下来，尤其是张强的学习。从儿子上一年级起，她就想尽办法为孩子找各种学习资料，督促孩子学习。根据她的经验，不勤奋、不刻苦就不可能取得出色的成绩。张强虽然觉得很累，但是从小就比较听话，知道学习对自己很重要，也就硬着头皮完成妈妈的一项又一项任务。若非出现了下面问题，这种状态还将一直持续下去。

上学期期末，张强出现了很多怪动作：有时挤眉弄眼，有时耸肩咳嗽，并且喉咙中时常发出怪声，严重影响了正常学习，上课注意力不能集中，还影响其他同学，学习成绩每况愈下。这让张强妈妈非常着急。虽然她也见过个别学生出现过类似症状，但出现在自己孩子身上的后果还是让她始料不及，于是赶紧带张强到医院看病。神经内科的大夫给张强开了一些药，但都有不小的不良反应，她也就没再敢给孩子吃。可是不吃药，这些毛病怎么改呀？张强妈妈又带着张强找到了心理咨询门诊。在这里，她对孩子的病有了更加全面的了解，也得到了不少帮助。

原来张强患的是抽动秽语综合征，这种病一般起病年龄在 2 ~ 12 岁之间，男孩多于女孩。

抽动秽语综合征的表现是不自主的、突发的、快速重复的肌肉抽动，在抽动的同时常伴有暴发性的、不自主的发声和秽语。抽动症状先从面、颈部开始，逐渐向下蔓延。抽动的部位和形式多种多样，比如眨眼、斜视、噘嘴、摇头、耸肩、缩颈、伸臂、甩臂、挺胸、弯腰、旋转躯体等。发声性抽动则表现为喉鸣音、吼叫声，可逐渐转变为刻板式咒骂、陈述污秽词语等。有些患儿在不自主地抽动后逐渐产生语言运动障碍。部分病儿还可产生模仿语言、模仿动作、模仿表情等行为。患儿的病情常有波动性，时轻时重，有时可自行缓解一段时间。抽动部位、频度及强度均可发生变化，患儿在紧张、焦虑、疲劳、睡眠不足时可能会加重，精神放松时减轻，睡眠后可消失。患儿智力一般正常。部分患儿可伴有注意力不集中、学习困难、情绪障碍等心理问题。

二、抽动症的发病原因

儿童抽动秽语综合征的病因目前尚不太清楚，可能与下列因素有关：

（一）怀孕期母亲的身体状况

怀孕期前 3 个月，如果母亲出现先兆流产、情绪紧张、受到惊吓、极度悲伤、营养不良、活动较少等情况，则会影响孩子大脑神经系统的健康发育。

（二）生产过程

生育时间过早或过晚、难产等，造成孩子窒息缺氧、大脑损伤等，会影响大脑的神经系统发育。

（三）家庭教育方式

在早期教育过程中，家长对孩子过于严厉和苛刻，使孩子生活在紧张、恐惧的环境中，情绪得不到放松，不能获得温暖，这也有可能是抽动秽语综合征的致病因素之一。

三、抽动症的矫治方法

（一）感觉统合训练法

儿童神经系统发育不够完善，在成长过程中就会出现这样或那样的问题。抽动症也与神经系统的发育有关。感觉统合训练能够使大脑神经系统的联结更加成熟有效，感觉统合能力的提高可以让个体更能适应周围的环境，对自己更有信心，克服不必要的紧张焦虑情绪。

（二）心理行为治疗法

抽动障碍的症状在紧张时加重，放松时减轻，睡眠时消失。因此，当儿童抽动发作时，不要强制其控制，最好采用转移法，如发现患儿抽动明显时，可让他帮助递报纸或做些轻松的事。这样通过减轻由抽动带来的紧张焦虑和自卑感，通过肢体有目的的活动而逐渐减轻和缓解抽动症状。

（三）认知支持疗法

儿童常因挤眉弄眼等抽动症状而深感自卑，患儿常感到痛苦而不能自拔。如果此时父母还对其唠叨、过分限制、没完没了地加以指责，对患儿而言犹如雪上加霜。所以，最好的办法就是打破恶性循环，在心理医生指导下，父母与儿童一起分析病情，正确认识抽动症状的表现，让孩子了解到抽动症并不是坏毛病，而是像感冒发烧一样是一种病，从而逐渐增强孩子克服疾病的信心，消除自卑感。事实证明，这是促进疾病康复，避免儿童心理发展受到影响的有效方法。

（四）药物治疗

通常情况下，如果抽动秽语综合征儿童的症状很严重，应尽早采用药物治疗。治疗本症常用的药物有氟哌啶醇、哌咪清、泰必利等，多巴胺受体阻滞剂对抽动症有较好的疗效。

除了药物和心理治疗外，还应注意妥善安排患儿的日常作息时间，避免过度紧张疲劳，适当参加一定的体育和文娱活动，使其尽量处于一种轻松愉快的环境。食物添加剂等可促使这类儿童行为问题的发生，包括活动过度和学习困难，含咖啡因的饮料可加重抽动症状。因此，应避免食用含食物添加剂、人工色素、咖啡因和水杨酸的饮料等食品。

经过一段时间积极地配合治疗，张强的病情有了好转，他的学习成绩又上去了，而且不像以前那样学得那么累。张强觉得妈妈比以前对他更温和了，也不再像以前那样给自己布置许多额外作业了。妈妈还经常鼓励他多运动、多交朋友、多干些力所能及的家务，休息日还经常带他出去玩，逐渐地他完全正常了。

第4节

语言问题

一、什么是语言障碍

语言能力的发展是儿童智能发展的重要内容，也是日后许多更高心理能力发展的基础，比如阅读能力、社会交往能力等都以其为基础。人们借助语言进行复杂的思维和表达，记述思维的成果，相互交流思想、情感，从而扩大和加深了人们对事物的认识，丰富了人们的情感生活，增进了人们参与社会生活的能力，使人们心理发展更加健康。

然而，语言能力以先天神经遗传为基础，是人类自出生之后在与社会环境的互动中逐步获得的，是人的高级智能的体现，并不是与生俱来的本能。儿童的语言问题主要有：说话晚、口吃、吐字不清、语言表达能力差等。看似简单的说话，其实包含了十分复杂的大脑神经活动。新生儿具有极强的语言适应能力。8个月前的正常儿童可以学会任何国家的语言，但这种能力会随着年龄增加而下降。因此，要抓住儿童语言发展的关键期，给婴儿提供适宜的语言环境。

孩子的语言能力包括听、说、读、写四个方面，这些能力并不是一生下来就完全具备的，而是需要经过后天的训练才逐渐发展起来的。许多家长并不十分了解何时、怎样对孩子进行语言能力训练，只是当发现孩子说话大舌头、结巴、阅读困难、读书眼酸、写字笔画颠倒、字迹难看等问题时才意识到孩子在语言能力上存在问题。那么，家长应该怎样帮助孩子发展语言能力呢？我们先分析语言障碍形成的原因。

二、儿童语言障碍的原因

孩子的语言功能在很大程度上依赖于感觉统合能力的发展。如果孩子的听觉或视觉不佳、语言器官操控不良，都会影响语言的发展；前庭及固有感觉不佳，也会影响语句组合及语言逻辑；甚至触觉防御过当和自闭，语言能力都会因沟通困难而出现严重的迟缓发展现象。首先是听，孩子通过听大人讲话、和大人沟通来模仿和学习语言。如果孩子的听觉功能发育不好，势必会影响说话。这里的听觉不是指听力，听力是指能听到多少声音，而听觉是指听到什么。我们要关注儿童的语言环境，如果孩子从小生活在语言不统一的环境中，会使孩子学说话时感到无所适从，影响语言的发展。

例如，导致孩子“大舌头”的原因之一就是听觉分辨能力的问题，他们听到的也许就是含糊不清的内容。还有的孩子虽然上课也在听课，可就是记不住老师说的话和留的作业。这些问题都是感觉统合失调中的听觉障碍。感觉统合训练中的旋转圆筒、滑梯、滑板等训练，以及音乐治疗中的音高、辨音、听觉记忆等训练都可以解决这些问题。

阅读能力和视觉能力的发展有很大的关系。有些孩子读书时常出现多字少字、丢字落字、不流利等问题并不是因为孩子的态度不认真，而是由于其视觉发展不良，双眼的统合能力欠缺，造成眼球振动不稳或平行移动不佳，所以在看书时就会看丢一些字或错行。

孩子说话的能力培养不仅在于“教”，更重要的是训练和说话有关的大脑功能。从下列幼儿语言发展顺序图中我们可以了解和语言发展有关的内容：

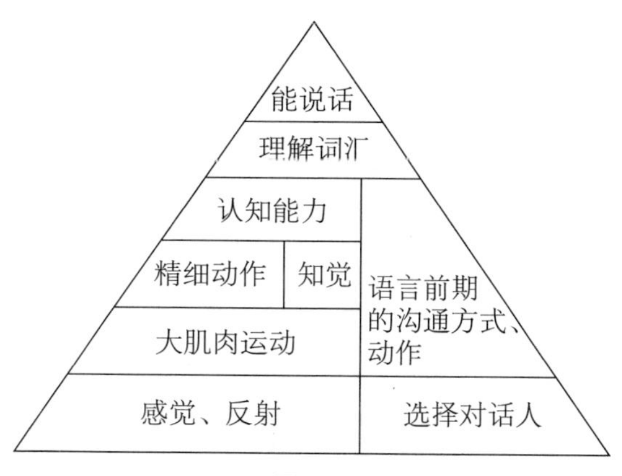

图 7–1

孩子的写字能力与大肌肉运动能力（肘部动作）、精细动作能力（手指动作）、空间视觉能力（眼睛对距离、左右的辨别）、手眼协调能力（眼睛看到的和手上写出的是否一致）等密切相关。所以，有些孩子写字写不好，家长只是指责他或让他练书法，都是不行的，而是需要进行综合的训练。

三、如何预防和矫治语言障碍

孩子语言能力的发展需要时间，家长应该有足够的耐心，并掌握科学的指导和训练方法。

那么，如何预防孩子的语言问题呢？出现语言障碍又如何训练矫治呢？

儿童语言的发展包括两个方面：一是对语言的理解，二是语言的表达。孩子往往是先理解语言，然后会说出语言。但是，孩子并不是生下来语言就能自然而然地发展起来的。例如，从小和狼一起长大的“狼孩”语言就很难发展起来，他们只会嚎叫。从小生长在很少受到关注的环境中的孩子，语言能力也很贫乏。心理学家研究发现，0 ~ 7 岁是孩子语言发生发展的关键期，这一时期若没有及时刺激和训练，最容易产生语言障碍，影响将来的心理发展。

在 1 岁以内，语言训练应着重于主动对孩子说话，即使是 1 ~ 3 个月的婴儿，也会对声音有听觉反应，能辨别声音的来源，会“咿呀”发声，能辨别讲话人的感情等。家长不要忽略了这一时期孩子的语言发展需要，要多给孩子一些丰富多彩的声音刺激，包括音乐、儿歌、故事、自然界的各种声音等。不要给孩子限定在一个非常安静的环境中，也不要只给孩子单调的声音刺激。孩子最喜欢看微笑的人脸，所以，家长要多对孩子说话，多和孩子沟通感情，多带孩子到大自然环境中去感受新鲜刺激。

孩子会说话以后，家长不要只满足于教孩子认字、背诗等，应注意训练孩子的平衡能力和本体感。因为平衡能力差的孩子，即使说话流利，也容易注意力不集中，语言组织能力差，话多，滔滔不绝，爱重复广告，说话无条理、无中心。他说得多而且听不进别人的话。本体感差的孩子，动作拖拉、笨拙，大脑对声带、舌头、嘴唇等肌肉控制不良，容易造成思维快于语言，而形成大舌头、口齿不清、口吃等问题。平衡能力和本体感的训练包括：小滑板爬行、大滑梯、网缆、趴地推球、旋转圆筒、平衡木、平衡台、独脚椅、跳绳和拍球等训练活动。这些训练可以延续到 13 岁，对孩子文字表达的进一步发展也很有益处。

有些语言障碍是由智力障碍造成的，如说话晚、发音不清、不能理解别人说话等。这就需要在专家的指导下，进行智能训练和开发。儿童自闭症造成的不说话、不与别人沟通等语言障碍，则需要特殊的心理训练来矫正。因为机械地训练孩子说话并不能解决根本问题。研究和临床实践证明，感觉统合训练和音乐治疗可以训练孩子更好地与外界沟通。

总之，孩子的语言训练和障碍矫正越早干预越好。

第 5 节

智力问题

一、智力的构成

儿童的智力问题是家长们普遍关注的问题。那么，关于智力我们了解多少呢？不妨先了解一下智力的能力构成。

关于这个问题，心理学界有许多不同的说法。而传统上大多数智商测试主要集中在语言智力和逻辑数理智力上。美国哈佛大学心理学教授加德纳曾花数年时间进行研究，他在《心智的结构》(*Frames of mind*，1993）一书中指出，我们每个人的大脑至少由八种智力构成。且脑外科和脑科学研究表明，每一种智力或能力都在大脑中有相应的位置，存在着脑功能的不同定位。若严重损伤某个部位，就会有失去特定能力的危险。加德纳提出的八种智力具体如下：

（一）语言智力

指人们读、写和灵活运用词语进行交流的能力。显然，这种能力在作家、诗人、记者、演说家、政治家、说书人的身上得到了高度发展。

（二）逻辑数理智力

指人们的推理和计算能力。这在科学家、数学家、统计学家和法官、律师身上得到了充分体现。

（三）空间或视觉智力

指感受、辨别、记忆和改变物体的空间关系并借此表达思想和情感的能力。这些在雕塑家、画家、建筑师、航海家、驾驶员和发明家身上有明显的表现。

（四）音乐智力

指先天具备以及后天通过学习获得的感知、理解和创编音乐的能力。这在作曲家、演奏家、指挥家、音乐家和音乐爱好者身上得到了高度发展。

（五）身体运动智力

指支配肢体完成精密作业的能力。比如，打篮球、跳舞等。主要表现在演员、舞蹈家、运动员、机械师、外科医生和手工艺师身上。

（六）人际智力

指与他人相处的能力。是教师、政治鼓动家、销售人员、谈判专家应具有的能力。

（七）内省智力

洞察、了解自己和自我调节的能力。在社会工作者、心理医生身上有明显的表现。

（八）自然智力

指对自然界的认识（如识别方向）和适应野外生活的能力。如水手、旅行家和猎人所擅长的能力。

加德纳拓宽了人们对智力的认识，对传统的智商测试提出了挑战，也为传统的教育策略的研究提供了依据。随着社会的不断进步，社会分工越来越细，不同职业对智力的要求往往各有不同。适应这种需要，培养更适合社会发展需要的人才是教育的责任。

新的教育改革正是在此理论基础上开展的。传统的教学，教师以在讲台上讲解课文、板书、提问为主。教育改革后，教师改变了以讲解为主的方法，开始多种方法并用，如空间的、音乐的等方法，创造性地结合多元智力的策略。比如，教师除适当地讲解外，还可利用图示、录像、音乐等形式教学，或让学生离开座位进行活动，以加深学生对抽象内容的理解，并且让学生通过同桌、小组、大组活动等人际交往方式和自学、讨论等学习方式来提高教学效果。同时，每个学生在多元智力方面各有所长，经常变化教学策略可以使每个学生擅长的智力都能充分地运用到学习中，收到最佳的教学效果。

针对这种变化，家长应该注意些什么呢？

首先，家长对孩子应有客观、公正的评价。由于遗传和后天环境等因素，不同个体的大脑存在很大的差异。这使得每个孩子都有其自身的特点。家长要注意发现孩子的特长和闪光点，积极保护和鼓励这些优点，使其发展得更加出色。家长还应该注意，千万不要拿自己孩子的缺点去和别人孩子的优点比。这样比的结果不但不会使自己孩子在这方面的能力提高到别人孩子的水平，反而可能会挫伤孩子的积极性和自信心，对孩子能力的发展和人格的成长都没有好处。

同时，由于大部分时间孩子是与父母及其他家庭成员在一起，孩子的成长和发育受家庭环境的影响极大。因此，如果家长能够学习教育、指导孩子的技巧和方法，对孩子的健康成长将会十分有益。

二、对于智力问题的训练

当家长了解了孩子的智力结构和发展的不足之处后，就应该有的放矢地培养和训练孩子。因为不存在先天预成的智力，即智商不是生来固定不变的。美国阿拉巴马大学心理学家拉迈耶在 1996 年从事了一项对贫困儿童进行早期教育干预的研究，证实了对贫困儿童的教育干预方案能够有效防止他们智力发展上的延缓，并能提高 IQ 分数。

那么，怎样通过干预提高孩子的智力水平呢？

（一）丰富环境刺激

大脑的变化、学习和记忆及脑内神经元的联结程度决定于环境对大脑的刺激。脑科学研究发现，多姿多彩的环境刺激对早期大脑发展具有显著的影响。科学材料证实，大脑的生理变化是经验的结果，而大脑功能的水平在很大程度上取决于其工作时所处的环境状态，服从“用进废退”的规则，不能缺乏足够的刺激。人并不是生来就拥有一个功能完备、高效运转的大脑。大脑的逐渐成熟是个人的遗传特征与外部经验交互作用的结果，也就是基因与环境交互作用的结果。

以语言功能为例，语言是人和其他动物区别的重要标志，也是大脑成熟的重要标志。从脑的进化和关于语言机制的研究中，我们可以了解到，语言的产生的确具有重要的脑科学基础。这就是为什么人类有语言，而其他动物没有。美国麻省理工学院语言学家乔姆斯基由此只强调语言与遗传特征的关系，希望找到语言基因，但这一预测并未得到科学的证实。因为脑的进化是自然选择的结果，肯定离不开环境的影响。从根本上讲，语言功能是大脑和环境交互作用的产物。遗传特征在语言发展中固然起着重要作用，但正常的语言发展仍需要儿童期的语言环境，仍需要语言教育的配合。总之，环境影响基因的变化，基因决定环境的作用，这是脑科学研究得出的一个新的见解。而这里的关键因素是对脑的刺激。人们在研究中已经认识到，引起脑内巨大变化的主要是有学习和记忆参与的活动，而不是单纯的体力活动，课外愉快的交谈、有意义的交往、填字游戏和勤奋的阅读等，都可以不拘一格地使人脑得到刺激。丰富的环境能影响大脑的发育和学习，并且在关键期尤为重要，因此对于教育工作者来说，有必要为儿童创设一个多姿多彩的环境。为此，美国加利福尼亚大学伯克利分校脑科学专家坦蒙德教授提出了一整套建议，要求教育工作者：

1. 给予儿童稳定、积极的情感支持。

2. 提供一份营养食谱，充分满足儿童对蛋白质、维生素、矿物质、卡路里的需求。

3. 刺激所有感官，但未必都要同时进行。

4. 创设一个宽松的氛围，消除过度的压力和焦虑，使之充满欢乐。

5. 在儿童发展的不同阶段，向他们提出一系列难度适中的、新奇的挑战。

6. 大幅度地加强儿童活动中的社会交往。

7. 促进儿童在智力、身体、审美、社会性和情感领域的兴趣和能力得到全面发展。

8. 为儿童提供自主选择和调整努力方向的机会。

9. 营造一个快乐、有趣的学习气氛，使儿童感受到学习的乐趣。

10. 要让儿童成为主动的参与者，而不是被动的观察者。

这些建议涉及教育管理学、学校卫生学、教育心理学、教育社会学、教学论和教材教法研究等诸多领域的理论和实践，对人们很有启发。

（二）要抓住孩子智力发展的关键期

大脑发展的关键期概念是加拿大神经科学家大卫·休伯尔等人在 20 世纪 60 年代提出来的。他们研究发现，将出生后的小猫或小猴用外科手术缝上眼皮，数月后打开，这些动物就无法获得视觉信息，尽管它们的眼睛生理机制是正常的。而且这些早期被剥夺了视觉经验的动物在视皮层上的结构也有异于正常动物。休伯尔等人由此提出了一个视觉机能发展的关键期概念。最近这 30 多年来，数以百计的脑科学专家对

“关键期”做了大量研究，并已取得了相当的进展。其科学结论简要说来就是，不同能力的发展有不同的关键期，某些能力在大脑发展的某一敏感时期最容易获得。如人的视觉功能发展的关键期大约在幼年期。对语言学习来说，音韵学习的关键期在幼年，而语法学习的关键期则大约在 16 岁以前。关键期内，神经系统的可塑性大，发展速度特别快。过了这段关键期，其可塑性与发展速度都要受到很大的影响。此外，对于不同的人来说，不同功能发展的关键期也并不完全一致，存在着一定的个体差异，在脑的不同发展上有着不平衡性。所以在教育中要抓住关键期，让诸如视觉、听觉、语言等能力都适时地打开“机会之窗”，使脑的各项功能得到及时的发展。如果我们在适时的关键期给予了儿童适当的学习机会，不但能使其学得快，还可以促进其生理发展，进而更加促进相应能力的发展。

三、对于儿童大脑功能的训练

孩子从出生一直到 25 岁，大脑的各种功能才发育健全，并不是一生下来就一成不变的。所以，当家长发现孩子的智力发育有障碍时，既不能悲观失望、丧失信心，或者怨天尤人、情绪急躁，也不应听之任之，以为孩子长大了就会好；而应该积极地采取干预措施，及时地为孩子提供治疗训练的机会，坚信孩子会有较显著的改善。训练大脑功能的方法并不是教孩子认多少字、背多少诗，而是应从以下几个方面来实施训练：

（一）在大运动能力方面的训练

要训练孩子爬行、翻身、坐、站、走，以及跑、跳、上下楼、拍球、跳绳、走平衡木等能力。有的家长因为孩子不会爬行就不管、不教，那是不负责任的做法。家长应该多推孩子的臀部和脚，慢慢教会孩子爬行。孩子如果不会跳绳，可以让孩子先练手摇的动作，然后再练腿跳的动作，最后练习将这些动作协调在一起。

心理学家研究发现：婴幼儿动作的发展与心理的发展有着密切的关系，早期动作的发展在某种程度上标志着心理发展水平。同时，动作的发展可以促进心理的发展。对于婴幼儿来说，其大肌肉运动的水平标志着智能发展的水平。大肌肉运动主要是头颈部、躯干和四肢幅度较大的动作，比如抬头、翻身、坐、爬、站、走、跳、独脚站、上下楼梯、四肢活动和姿势反应、躯体平衡等各种运动能力。这些动作的发展，在孩子 1 岁和 3 岁时发展最快，第二年是第一年动作发展的巩固阶段，发展过程如下：

1 个月：全身动作无规律，俯卧时勉强抬头，吸吮有力。

2 个月：由俯卧位被托起时，头与躯干能维持在一条直线上。

4 个月：会抬头、挺胸，头竖直，手能握紧玩具。

6 个月：会翻身，扶之能够站立，喜欢扶立跳跃。

8 个月：能坐稳，会爬，扶之能站。

10 个月：能扶物站稳。

1 岁：能自己站立，家长扶一手可以走。

1 岁 3 个月：会独立行走，能搭两块积木。

1 岁半：跑得稳，拉一只手可上台阶。

2 岁：会上下楼梯，开门。

3 岁：能倒退走，会折叠纸张。

4 岁：会一只脚站立，用剪刀剪图画。

家长应该从小注意训练孩子的动作，让孩子充分地活动，不要总抱着孩子，否则，由于活动不足，孩子将来会在学习知识时出现注意力不集中、动作拖拉、胆小退缩等问题，从而影响孩子的心理发展。

（二）训练孩子手的灵活性和准确性

俗话说：心灵手巧。手的动作技能发展对提高儿童智力帮助很大。从训练孩子抓住大的、近距离的物品，再到抓捏小的、远距离的东西，从能摆弄物品，直至能拆装物品等。孩子躺在床上一开始可能没有意识去抓东西，家长可以用细绳拴一个小玩具，在孩子眼前逗晃，吸引孩子的注意力，让孩子学会用手去抓悬挂物。下一步是训练敲打动作，像拨浪鼓、木鱼、小叉都是不错的敲打工具。最后是双手协调训练，也就是精细运动能力训练。可以从撕纸、拧瓶盖、扣纽扣、穿珠子等开始，逐渐学习更难一些的动作，如用筷子、系鞋带、用剪刀、剥豆子、捏橡皮泥、画画、写字等。

（三）训练孩子的感知觉

新生儿已经有了视觉、听觉和触觉反应，家长可以通过让孩子看、注视、追踪彩色的、运动的物体来训练孩子的视觉；通过让孩子寻找能发出声响的玩具、听音乐、给孩子读故事等来训练孩子的听觉；通过和孩子拥抱，用粗毛巾擦身体，让孩子翻跟头、玩沙土、游泳等来训练孩子的触觉。多带孩子到大自然去体验丰富的色彩、声音、气味的刺激。只有孩子的感知觉和运动能力都得到充分发展，智力才能有良好的发展。

（四）训练孩子的认知能力

不但教孩子认识日常用品，掌握它们的名称，而且要多教孩子一些常识。例如，一星期有几天，太阳从哪边出来、从哪边落下，一斤等于几两，教孩子认识时间、认路和乘车，等等。

（五）训练孩子的语言能力

在孩子还不会说话时，就要多和孩子说话和交流感情。让孩子多听音乐、对话、儿歌故事等，在娱乐中教孩子发出简单的声音，直到教会孩子简单的字词句子。语言的掌握过程是一个孩子认知能力、记忆能力、思维能力迅速提高的过程，讲故事、做游戏以及平时日常活动都对孩子的语言发展有利。家长应尽量多地和孩子交流，多说孩子容易听懂的短句，努力促成亲子互动。

（六）训练孩子的交往能力

家长要多拥抱、抚摸和逗引孩子来训练孩子的交往能力。多让孩子与他人接触，和别的小朋友玩，不要把孩子孤单地放在一边不管不问。有智力问题的儿童往往胆小、不自信，要克服他们的恐惧心理，就要首先给孩子安全感，让孩子觉得任何时候都不会被忽视，让孩子对家长产生足够的信任。当孩子遇到问题时家长可以安慰他；当孩子试图做某事时家长可以鼓励他。孩子只有在情绪良好的情况下，才有可能学得更好、学得更多。

（七）训练孩子的生活自理能力

训练孩子的生活技能，例如吃饭、喝水、穿脱衣服、坐便盆、擦屁股、系鞋带等，逐步训练孩子做家务的能力。这些是孩子适应社会所必须学会的，也与孩子的感知觉、动作、语言能力的发展密切相关，直接影响孩子的智力发展。单纯地依靠专业训练机构是远远不够的，因此更加需要家长付出相当的努力。

（八）在自然的情境中发展儿童的智力

在这个世界上，父母不能再为孩子找到一位比大自然更好的老师了。它的胸怀如此广大，知识如此丰富。它如此具体地将世界的万事万物展现在孩子面前，让他们看、摸、闻、听，甚至品尝。它鲜艳的色彩、娇媚的姿态、动人的声响，以及神奇的变化都吸引着孩子，激起他们探索的欲望。父母的责任就是引导孩子到大自然中去学习、去探索。

1. 观察、喂养小动物

孩子最喜欢观察昆虫活动，蚂蚁、蛐蛐、瓢虫、蜻蜓、蝴蝶都是他们喜爱的对象。家长可以告诉孩子哪些是害虫，哪些是益虫，蚂蚁的力量有多大，蝴蝶是由青虫变来的，孩子在观察蜻蜓的体态结构、追逐蜻蜓时能够发展视觉能力。孩子还喜欢喂养刺猬、兔子、小鸡、小乌龟、金鱼等小动物，可以鼓励孩子观察动物的生活习性，要求孩子按时喂养它们，为它们打扫卫生，培养孩子的责任心和爱心。

2. 观察植物

让孩子在风景优美的环境中闻一闻花草的气味，告诉孩子植物的名称，让孩子用不同形状、颜色的叶子拼成美丽的图案。通过种树让孩子了解生命成长的过程。让孩子知道要珍惜粮食、保护自然。

3. 观察四季的变化

一年四季的变化，可以给孩子提供丰富的观察内容。春天，气温变暖，大树和小草冒出了绿芽，五颜六色的花儿开放了，小鸟都飞出来了。夏天，田野里的庄稼碧绿、饱满，树上的知了不停地叫，萤火虫在黑夜里飞来飞去，小青蛙在水里嬉戏。秋天，树叶变红、变黄了，庄稼和水果都成熟了。冬天，天气寒冷，但堆雪人、打雪仗是所有孩子的爱好，家长可以让孩子观察雪花的形状，了解结冰的过程。

4. 观察星空

观察月亮形状大小的变化，了解星星的名称、位置。让孩子的想象力插上翅膀，在天空翱翔。

5. 观察气候的变化

晴天、下雨、下雪、下雾各有什么特点。天气不同时，皮肤触觉有什么变化。

6. 玩水

几乎所有孩子都喜欢玩水。家长可以把一小块塑料、海绵、铁块、开着口的瓶子和密封的空瓶子放到水里，让孩子观察哪些可以飘起来，哪些要下沉；带孩子游泳时，可以让他去感觉水对自己身体的浮力；还可以引导孩子观察烧开水的过程。

7. 寻找目标

让孩子尽快搜索环境中的某个目标，和其他人比赛看谁找得快，训练孩子的观察力和注意力。

8. 让孩子自己动手解决问题

在野外辨别方向、寻找水源、识别可食用的植物、解决取暖问题等，不要一切都为孩子做好，照顾得面面俱到，要适当地为孩子创造一些困境。

在自然环境中，家长可以教给孩子许多科学知识和生活常识，磨炼孩子的意志力，训练孩子的观察力和注意力，培养孩子的学习兴趣。

许多家长都非常疼爱自己的孩子。孩子越是有某些缺点，家长就越疼爱孩子。如果家长疼爱到见不得孩子吃一点儿苦、受一点儿累，过多地照料孩子，使孩子产生较多的依赖，则会使孩子的能力和智力的发展处于更加不利的地位。真正有责任心的家长会随着孩子身心的发育，培养和训练孩子的动手能力，耐心地运用科学的方法，使孩子逐渐学会认识周围事物以及如何与周围的人和事物打交道，从而使孩子更有自信，身心朝着健康的方向发展。在某些能力发展的关键期，如果什么都替孩子去做，就是人为地剥夺孩子动手训练的机会，使得他要掌握这种能力就变得更加困难，也使孩子今后更多地面临不利的环境。

第 8 章
Chapter 8

感觉统合之特殊脑力训练

小果是个性格活泼，思维敏捷的孩子，今年刚上二年级。老师和家长发现，他经常在课堂上走神，写作业的时候，外面稍有点风吹草动，他就会东张西望，使得作业经常写不完。不论做什么事，在集中注意力方面他都有些困难。家长有些苦恼：是否能够通过一些训练，提高孩子的注意力呢？

参加感觉统合训练的儿童，在完成每个人的体能训练之后，要进行一项特殊的脑力训练，这被称为特殊训练，是针对儿童的注意力、记忆力、语言能力、图形识别、阅读能力、空间知觉、逻辑思维推理能力等进行的训练，对儿童大脑的发展非常有益。

本章给出了这些训练的具体操作方法和题目。

第 1 节

注意力训练

注意力的稳定性是一种重要的品质，是我们在正常学习和工作中获得良好效果的保证。注意力除了与儿童本身的知识能力、性格有关外，还与其目的和兴趣有关。注意力问题是多数参加感觉统合训练的儿童需要重点关注的问题。为了强化儿童的注意力，帮助其改掉粗心大意的毛病，应视参训儿童的年龄不同进行一些特殊脑力的注意力训练。具体训练方法如下：

一、穿珠训练

2 ～ 3 岁幼儿可以进行穿珠训练，在训练老师的帮助下，边穿珠子边练习数数，同时识别珠子的颜色和形状。可以指定穿珠子的数量，也可以指定按不同颜色排列来穿，还可以计时穿珠，鼓励孩子穿得又快又对。

二、划数训练

6 岁儿童一般会对数字感兴趣。有的已经会简单的计算，可以进行找数字的训练。具体方法就是让儿童在印满数字的纸上找到训练老师要他找的数字。例如：将下面每行数字中的 5 找出并做上标记，速度要快，争取一个也不要漏掉。

5 4 3 7 9 1 2 5 7 6 5 0 8 1 3 4 7 6 4 5 1 2 0 8 7 3 5 2 0 9 4 7 8 1

1 0 1 8 1 7 8 0 1 5 4 6 3 4 9 1 2 2 5 4 1 8 6 4 2 5 5 1 8 0 7 3 2 5

4 7 2 5 0 6 4 9 1 0 8 4 6 1 5 7 6 8 1 6 2 4 7 2 5 0 4 2 5 6 5 8 9 8

0 1 5 2 5 8 5 1 0 7 9 4 6 7 3 2 0 4 1 0 4 5 2 1 5 4 9 1 4 5 2 7 8 6

可以像上面这样将无规则排列的数字布满一整张纸，要求孩子来完成划数训练。当然，孩子越小，题量应越小，过多的训练是不可取的。此题可以每次变换要找的数字。随着训练的次数增加，量要增加，难度也要增加。一般来说，密度越大，难度越大，越容易出现疏漏。

三、加数训练

6 岁以上且已上学的儿童，在训练找数字达到速度快而准的基础上，要增加数字相加的训练。例如：在印满数字的纸上找出前后两个数相加等于 5 的数字，将它们划出来。

5 4 3 7 9 1 2 5 7 6 $\boxed{5\ 0}$ 8 1 3 4 7 6 4 5 1 2 0 8 7 3 5 2 0 9 4 7 8 1

1 0 1 8 1 7 8 0 1 5 4 6 3 4 9 1 2 2 5 $\boxed{4\ 1}$ 8 6 4 5 5 2 1 8 0 7 $\boxed{3\ 2}$ 5

4 7 2 $\boxed{5\ 0}$ 6 4 9 1 0 8 4 6 1 5 7 6 8 1 6 2 4 7 2 $\boxed{5\ 0}$ 4 2 5 6 5 8 9 8

0 1 5 2 5 8 5 1 0 7 9 4 6 7 $\boxed{3\ 2}$ 0 $\boxed{4\ 1}$ 0 4 5 2 1 5 4 9 $\boxed{1\ 4}$ 5 2 7 8 6

此项训练还可以变换为 +5、+6、+7、+8、+9、+10、+11、+12、+13、+14，要求做题速度快、遗漏少，经过一段时间的训练，大多数儿童会改变粗心、马虎的毛病，作业也比以前错误少了。

四、减数训练

在上面两数相加错误很少的情况下，可进行前后两数相减的训练。例如：在印满数字的纸上找出前面的一个数字减去后面的一个数字等于 1 的组合，将它们做上标记。

$\boxed{5\ 4\ 3}$ 7 9 1 2 5 $\boxed{7\ 6\ 5}$ 0 8 1 3 4 $\boxed{7\ 6}$ 4 5 1 2 0 $\boxed{8\ 7}$ 3 5 2 0 9 4 7 8 1

$\boxed{1\ 0}$ 1 8 1 7 8 0 1 $\boxed{5\ 4}$ 6 3 4 9 1 2 2 $\boxed{5\ 4}$ 1 8 6 4 5 5 $\boxed{2\ 1}$ 8 0 7 $\boxed{3\ 2}$ 5

4 7 2 5 0 6 4 9 $\boxed{1\ 0}$ 8 4 6 1 5 $\boxed{7\ 6}$ 8 1 6 2 4 7 2 5 0 4 2 5 $\boxed{6\ 5}$ 8 $\boxed{9\ 8}$

0 1 5 2 5 8 5 $\boxed{1\ 0}$ 7 9 4 6 7 $\boxed{3\ 2}$ 0 4 $\boxed{1\ 0}$ 4 5 $\boxed{2\ 1}$ $\boxed{5\ 4}$ 9 1 4 5 2 7 8 6

此项训练也可以变换为 −1、−2、−3、−4。经过以上找数字的训练，许多儿童丢三落四的情况少了，注意力集中的时间比以前延长了，作业也完成得快了。找数字的训练对提高儿童注意力帮助很大。

训练老师在给孩子检查时，最好使用预先自制的套板，能节约很多时间。

第 2 节

记忆能力训练

评价一个人的记忆力如何，一个是记忆速度，另一个是记忆的保持性。人的记忆能力，特别是优秀的记忆力虽与遗传有关，但不是天生的，而主要是来自后天适时的科学训练。记忆力训练有多种方法，题目多样，做起来有新鲜感，儿童会很感兴趣，愿意配合训练。记忆可分为听觉记忆和视觉记忆，这些都与儿童的学习能力有很大的关系。下面介绍几种训练，如数字记忆、译码记忆、图形记忆、成语记忆、阅读记忆等。

一、数字记忆

（一）下面是几组数字，请你把每组数字读两遍。读完后，试一试不看原题，完成后面的练习。

1 1 3　　2 5 1　　3 4 8　　3 1 2　　9 6 3　　8 6 3

练习：填上空缺的数字。

1 （　）3　　（　）5 1　　3 4（　）

（　）1 2　　（　）（　）3　8（　）（　）

（二）下面是几组数字，请你把每组数字看两遍后，完成后面的练习。

8 6 1 4 1　　2 5 5 3 2　　7 4 9 1 6　　5 6 0 8 7

练习：请不要再看上面的数字，然后完成下面的填空。

8 6 1__1　　2 5__ __2　　__4__1 6　　5__ __8 7

（三）下面是一组数字，请你认真看一看，注意每个数字之间的关系，用 2 分钟记住，然后完成后面的练习。

3 4 6 2 8　　5 1 7 3 9　　6 6 2 3 3 2　　4 9 6 1 0 8 9 4 3 0

5 5 1 1 0　　9 7 6 4　　2 2 4 9 7

3 4 6__8　　5__7__9　　6__2 3__2　　4__ __10__9 4 __0

55__ __0　9__ __4　　2__4__7

二、码记忆训练

（一）下面是一组译码，请你用 1 分钟记住数字译码，然后完成下面练习。

1	2	3	4
○	□	◎	+

练习：请你试着不看上面的译码，将下面的数字用译码译出。

1	3	3	1

3	2	3	1

1	4	2	1

2	2	3	4

1	2	4	3	2	2	1

（二）下面是一组译码，请你用 2 分钟记住数字译码，然后完成下面练习。

1	2	3	4	5
□	◎	#	○	※

练习：请不要看上面的译码，凭记忆将下面的译码译成数字。

□	#	○	□	◎

※	◎	□	#	○	※

◎	□	○	□	#	※	#

三、图形记忆训练

请用 2 分钟记住下面图形，然后完成后面练习。

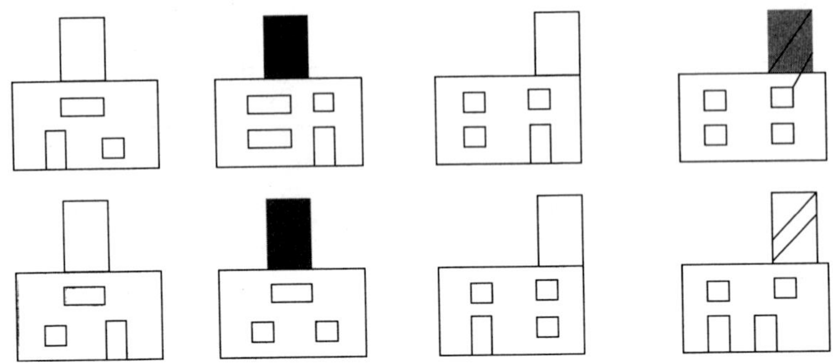

练习：请盖住上面的图，根据记忆按上图顺序，把下面的图补充完整。

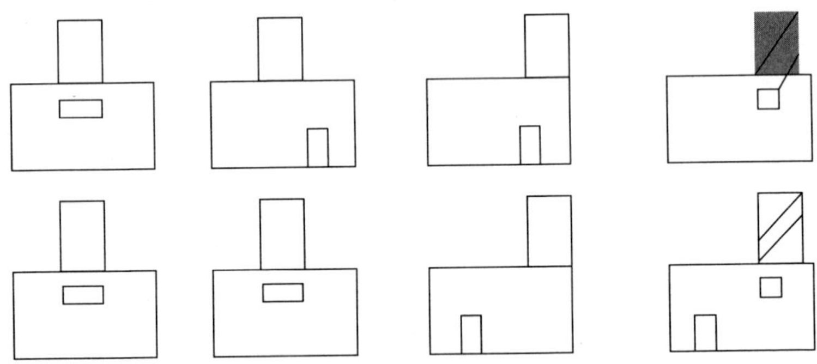

四、成语记忆训练

请用 2 分钟记忆下面的 10 个成语，然后完成练习。

如火如荼　如释重负　如鱼得水　如饥似渴　如获至宝

如临大敌　如花似锦　如梦初醒　如法炮制　如胶似漆

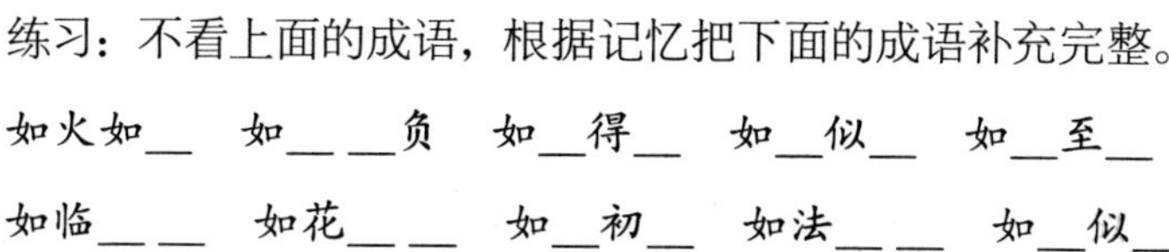
练习：不看上面的成语，根据记忆把下面的成语补充完整。

如火如__　如__ __负　如__得__　如__似__　如__至__

如临__ __　如花__ __　如__初__　如法__ __　如__似__

五、阅读记忆训练

请用3分钟记住下面这段话，然后完成后面的练习。

列宁读书的时候，十分认真。他向自己提出许多问题。例如，这本书是什么时候写的？为什么要这样写？中心思想是什么等等，都要弄个一清二楚，才肯放手。他读过以后还要写出自己的意见。他的意见总是很中肯的。列宁对课外书籍的选择也是很严格的。他从来不读没有价值的书。在列宁的房间里，无聊消遣的书籍一本也找不出来。

练习：现在请你不要再看上面的文章，在下面的空格上填上相应的字。

列宁读书的时候，十分认真。他向____提出许多问题。例如，这本书是________写的？为什么要这样写？________是什么等等，都要弄个一清二楚，才肯放手。他读过以后还要写出__________。他的意见总是很中肯的。列宁对________的选择也是很严格的。他从来不读________的书。在列宁的房间里，________的书籍一本也找不出来。

第 3 节

语言能力训练

语言能力是人类一种潜在的遗传能力，幼儿、儿童期语言能力在与成人的交往中，在生活情形逐渐复杂化的情况下会迅速发展起来。语言是人类进行交往的工具，语言能力是儿童智力发展的一项重要指标。

参加感觉统合训练的儿童有的曾出现说话晚、咬字不清、语言表达困难等问题。有的上学后出现阅读不好、能说不能写、作文困难等情况。特殊训练中针对语言方面存在问题的儿童应多进行看图说话、复述故事、近义词、反义词、组词、给词写句子、多词造句等方面的训练。

一、找反义词

家长念每念一个词，让幼儿找出一个与之相反的词（如果幼儿识字，可将反义词写出让幼儿自己连线）。

练习：

好	慢	表扬	软弱
大	短	白天	火热
长	甜	冰冷	缩小

苦	坏	扩大	晚上
快	小	坚强	批评

二、给词排句

例如，给幼儿一组词：跑得快、比、汽车、飞机。幼儿回答：飞机比汽车跑得快。

练习：

1. 写字、爸爸、用笔。

2. 游戏、一起、做、大家。

3. 大青蛙、害虫、吃。

4. 太阳、东方、从、升起。

5. 一起、老师、做游戏、小朋友、和。

三、加笔画

给出一些偏旁部首，要求加入规定笔画组成新的字。例如：一字加一笔，可组成十。二字加一笔可组成三、干、土等。

练习：

1. 二字加两笔，请写出至少九个字。

2. 十字加两笔，请写出至少十个字。

3. 口字加两笔，请写出至少十个字。

第 4 节

图形识别训练

为提高儿童的图形识别能力，根据儿童年龄与实际能力，在特殊训练中配有一些题目，可以帮助儿童提高识别图形的能力。其中包括图形识别、寻找几何图形等。

一、图形识别

例如：您怎样把隐蔽在其他线条中的图形辨认出来？这个测验包含有许多图形，你要在每个图形中寻找如下所示的图样：

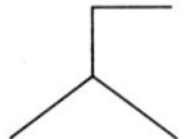

这个图样必须总是如上所示，既不能横着放，也不能倒着放。找出含有这个图样的图形，并将它们的序号一一写下来。

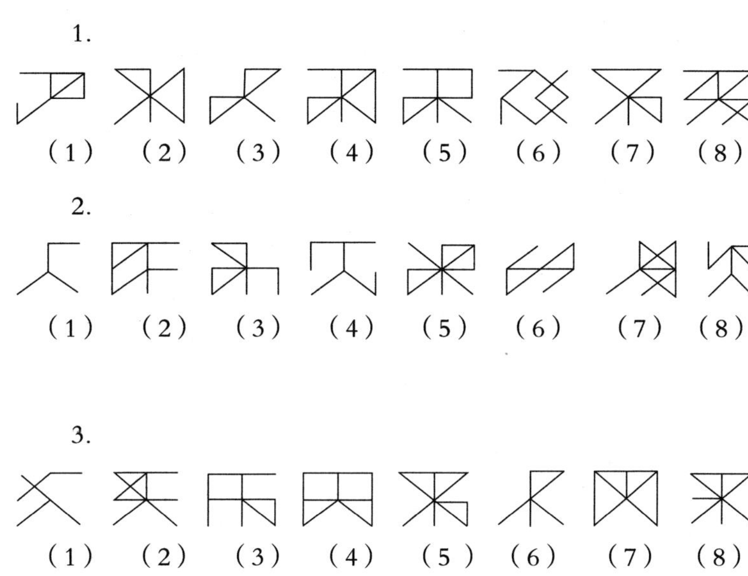

比如第一行应写成：1.（3）、（4）、（5）、（8）

二、寻找几何图形

1. 找方形：请找出下面的图形中有几个正方形。

（1）图中共有（　　）个正方形

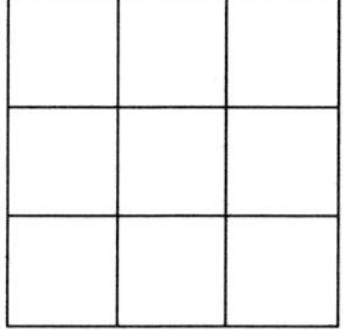

（2）图中共有（　　）个正方形

2. 请找出下列图形中有几个长方形。

图中共有（　　）个长方形

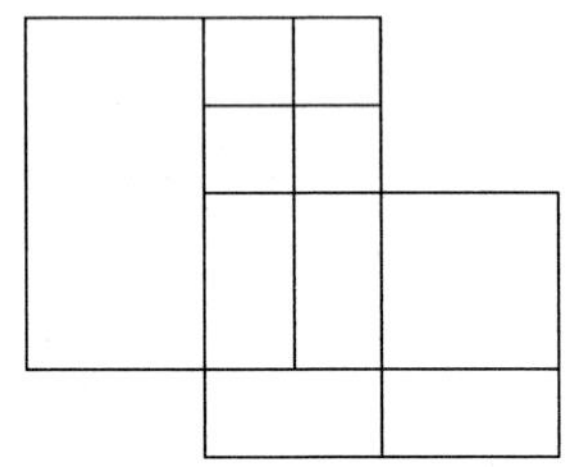

3. 找三角形：请找出下列图形中各有几个三角形。

（1）图中共有（　　）个三角形

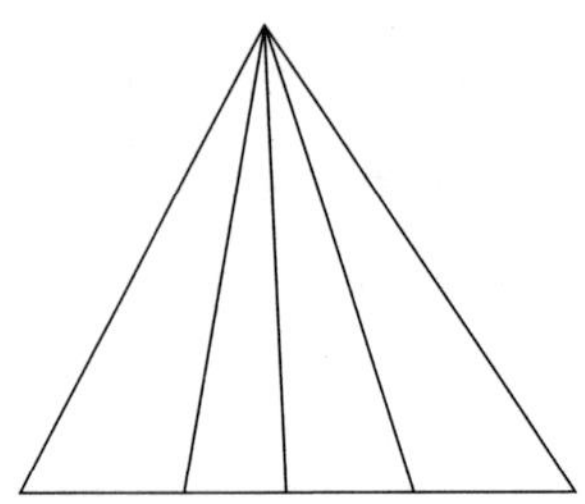

（2）图中共有（　　）个三角形

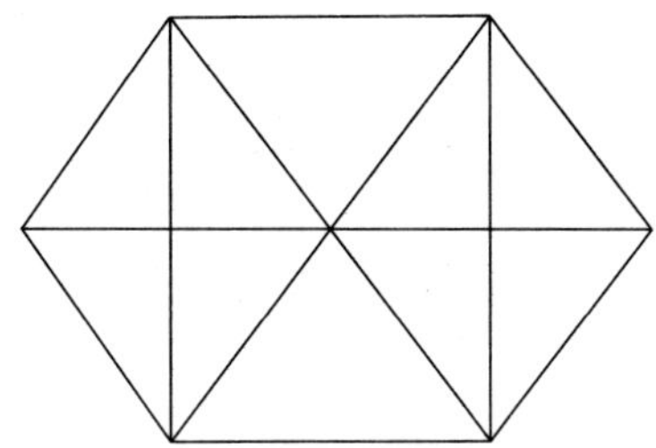

（3）图中共有（　　）个三角形

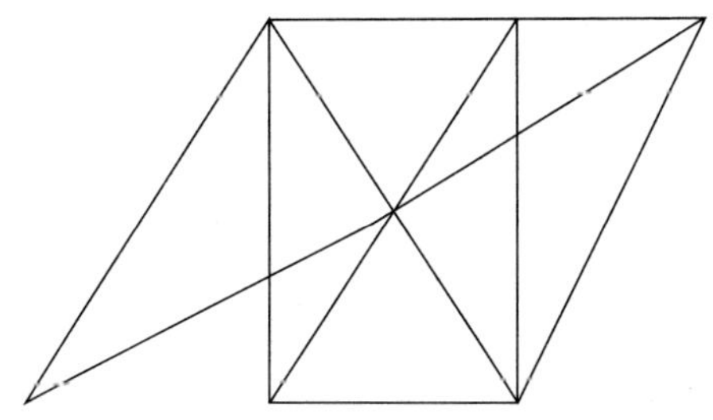

4. 找圆形

图中共有（　　）个圆形

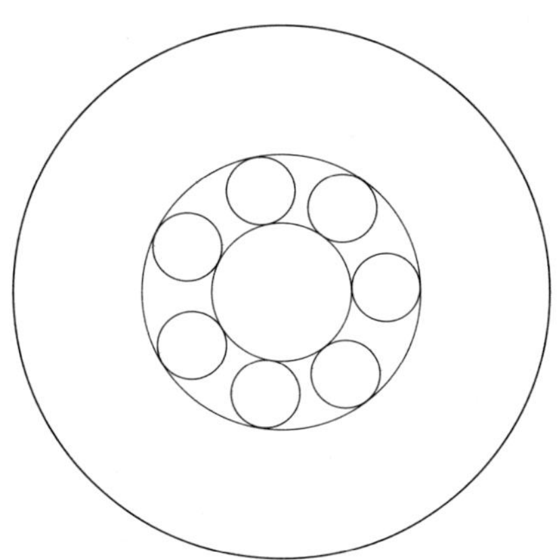

第 5 节

空间知觉训练

空间知觉是由视、听、触和动觉联合活动整合而成的复杂的知觉，是物体的形状、大小、远近、方位等空间特性在人脑的反映。空间知觉涉及对自身所处空间的认知以及自身与周围空间中各事物之间相互关系的综合了解，对个体生活而言，显然是一种不可或缺的能力。在人的一切活动中，必须随时随地对远近、高低、方向做出适当的判断，否则就难免会遇到困难，甚至发生危险。无法辨别个人和他人之间空间特性的儿童，就无法注意或认知身体空间与周围环境中物体间的关系，以致在日常生活中常撞倒椅子、家具及碰撞门道等。

空间知觉也会影响学习。空间关系包括方向感、距离和深度等方面的了解。空间知觉异常的孩子，常无法辨别如 d 和 b，p 和 q、m 和 n、r 和 v、saw 和 was、on 和 no 等英文字母和单字；太、大、犬、本、木、未、末等中文字以及 3 和 8，6 和 9、63 和 36、99 和 66 等数字，以致在学习上经常遇到问题。空间知觉也包括时间的次序和连续性，当个体无法将事物按序排列时，自然会在各学科上表现欠佳。

一般来说，空间知觉的知识对年龄较小的儿童来说不是很好理解。在特殊训练中包括一些空间知觉的训练题目，从走迷宫训练开始，包括时间的计算、盒子的计算、点线的寻找、积木的计算等。

一、走迷宫训练

例如：

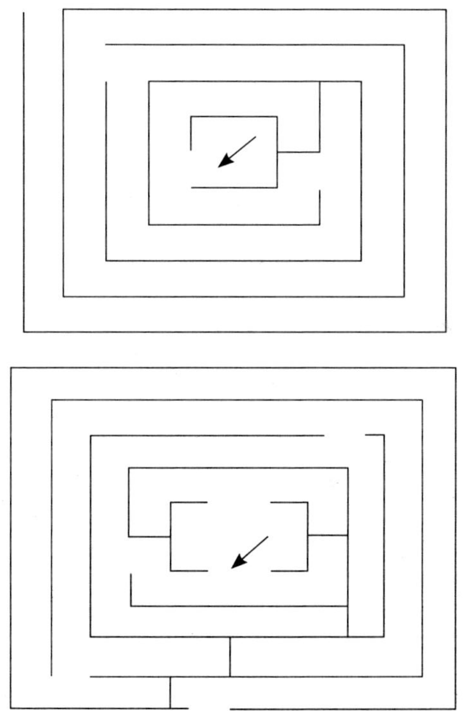

二、时间计算

例如：

1. 1 点往前 5 小时是（　　）点。

2. 14 点往后 3 小时是（　　）点。

3. 把表盘上的长针和短针位置对换，下列时间将是几点几分？

6 ： 20 分　　　　8 ： 8 分　　　　2 ： 40 分

（　　　）　　　　（　　　）　　　　（　　　）

三、划直线

例如：

这几个黑点中，有三个是落在一条直线上的，请划出。

●　　　●

●　　●

●

●　　●

四、计算桌子角

例如：

有一方形的桌子，去掉一个桌角，问还剩下几个桌角？

五、盒子计算

例如：

1. 这里有1个盒子，盒子里有1个小盒子，小盒子里又有1个小盒子。请数一数共有（　）个盒子。

2. 1个盒子里有2个小盒子，每个小盒子里又有2个小盒子。请数一数连大带小共有（　）个盒子。

3. 1个盒子里有3个小盒子，每个小盒子里又有3个小盒。请数一数连大带小共有（　）个盒子。

4. 1个盒子里有4个小盒子，每个小盒子里又有4个小盒子。请数一数连大带小共有（　）个盒子。

六、巧算数学

例如：

数字从左到右，从上到下分别一行一行加起来，总数都是9。

6	2	1	9
2	2	5	9
1	5	3	9
9	9	9	

练习：下面题目中每个缺少几个数字？缺一个数字就有一个点，请找出缺少的数字。

（A）

· 7 ·

9 6 4

· · ·

答案（A）缺 5 个数字。

（B）

· · 3

· · ·

0 8 5

答案（B）缺 5 个数字。

七、拼图形训练

1. 请把正方形划分成左边的小几何形。

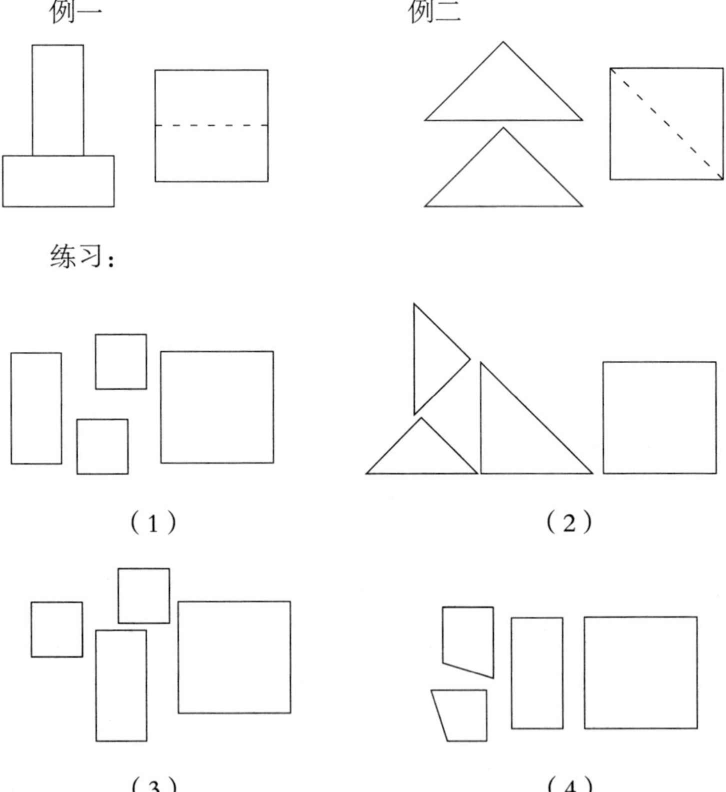

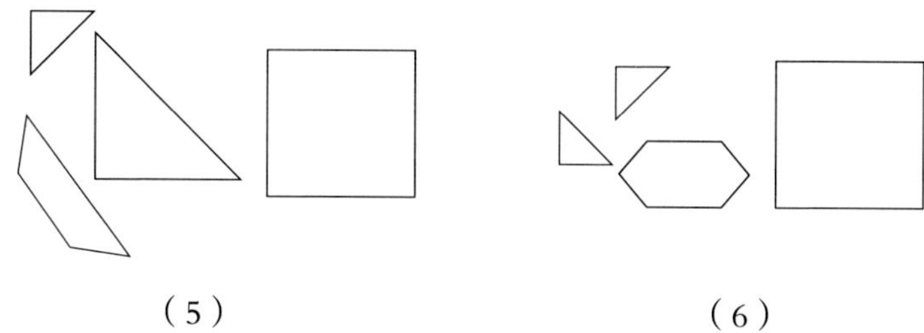

（5）　　（6）

2. 请把左边的图形拼到右边的图中。

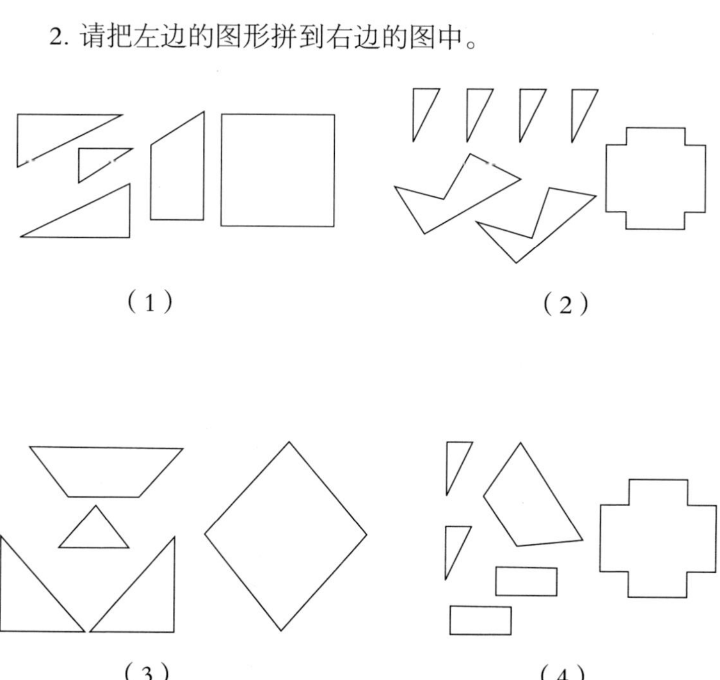

（1）　　（2）

（3）　　（4）

第6节

逻辑思维推理能力训练

一、关系推理训练

例如：

因为：	所以：
张儿比李儿聪明些，	孙儿比赵儿……
孙儿比黄儿聪明些，	黄儿比李儿……
赵儿和张儿一样聪明，	钱儿比赵儿……
李儿比钱儿聪明些，	张儿比孙儿……
赵儿比黄儿愚笨些，	黄儿比钱儿……

二、数字推理训练

例如：

1. 请在下列的横线上填上适当的数：

（1）5、7、__、11、13

（2）4、__、12、16、20

（3）2、7、12、__、22

（4）0、__、12、18、24

（5）42、37、__、27、22

（7）120、99、__、57、36

（8）0、__、34、51、68

（9）1、5、10、16、__、31

（10）2、4、7、11、__、22

2. 请在下列的横线上填上适当的数：

（1）1、4、9、16、__、36

（2）3、6、12、21、__

（3）2、7、14、23、__、47

（4）1、5、13、25、__

（5）0、5、15、__、50

（6）2、6、12、__、30、42

（7）2、4、__、16、32

（8）2、6、__、54、162

（9）1、2、6、12、36、__

（10）15、21、24、30、33、__

根据孩子的具体问题，在感觉统合训练后，对孩子进行这些特殊训练，时间为 10 ～ 30 分钟，以促进孩子的学习迁移。

第 9 章
Chapter 9

家庭辅助感觉统合训练方法

小红的宝宝刚刚出生两个月，因胎儿脐带绕颈，只得剖宫生产。宝宝比较活跃，睡眠不如别的孩子多，脾气比较急躁，不愿意练习翻身，愿意让大人抱着。据说孩子需要从小锻炼，对刚出生的宝宝应训练哪些方面？如何入手呢？尤其是剖宫产的孩子在以后的几年里都需要训练，以防在上学后出现学习能力问题，那么，从小该如何进行训练呢？

家庭是儿童成长的第一课堂，父母是孩子的第一任老师，感觉统合训练也应该从儿童出生开始。如果家长能够掌握相关的技术和方法，将为儿童日后的发展奠定良好基础。

心理学家与教育学家发现，人的心智发展关键期主要在婴幼儿期，特别是生命的头三年。享誉全球的意大利女教育家蒙台梭利认为:“人生的头三年胜过以后发展的各个阶段，胜过 3 岁以后到死亡的总和。”苏联教育家马卡连柯说:“教育的基础主要是在 5 岁前奠定的，它占整个教育过程的 97%。”美国哈佛大学教授怀特认为:“没有什么工作比抚育出生头三年的婴儿更重要。”我国幼儿教育的泰斗陈鹤琴先生说:“幼稚教育从 3 岁开始已经太晚了。”正所谓三岁看大，七岁看老，三岁之魂，百岁之材。在发展的关键期，每个正常婴儿都有一次遗传赐予的智力飞跃的机会，都有可能培养成个性健康、聪明智慧的人。问题在于我们能否把握住孩子成长的关键期，不失时机地开发出其本来就拥有的潜能。

本章将对开发儿童大脑的关键期与家庭辅助感觉统合训练方法做简单的介绍。

第1节

0 ～ 3 岁是开发大脑的关键期

一、新生儿的感知和学习能力

新生儿不仅具有惊人的感知、运动能力，而且具有注意、记忆、学习能力和社交行为。例如，出生8小时后，婴儿就会模仿成人吐舌头（鲍秀兰，1995），51天注视靶心图可达15分钟（程淮，1997）；婴儿出生时便有颜色视觉，4个月时接近成人水平（Z Bahoba，1964；Haith，1990），24个月时能正确认识和说出15种颜色（李忠忱，1990）；0 ～ 3个月的婴儿共存在73种无条件反射（R S Illingworth，1987），如爬行反射、行走反射、游泳反射等。无条件反射不仅是条件反射形成的自然前提，而且在婴儿早期发展中有心理学意义，它们具有维持生存、防御危险和探索世界的功能。研究发现，这些反射在出生后3 ～ 4个月时就会消失，但是有适应环境功能的反射活动，在自然消失前若进行适当的练习，这些无条件反射（如行走反射，从出生后第 8 天开始到 56 天，每天 3 ～ 4 次，每次 3 ～ 4 分钟练习）就会变成随意的行为，并将促进婴儿的动作及智能发展（泽勒佐和科尔布，1976；程淮，1995）。研究还发现，婴儿的学习方式可从最初的习惯化、去习惯化到经典条件反射和工具性或操作性条件反射，以及语言的掌握、概念的学习等各种复杂的类型。例如，出生仅 2 小时的新生儿便能建立食物性条件反射，进行学习和记忆（Blassetc，1984）。可以说，新生儿能力的发现，是 20 世纪科学史上的重要事件，是人类对自身认识的里程碑式的跨越。它为我们从新生命诞生时就科学地开发婴儿的身心潜能提供了事实依据。

婴幼儿期之所以是开发身心潜能的关键期，主要是因为主宰生物钟和心理钟运行的大脑正处在突发生长期（break growth period）。从脑的重量来看，婴儿出生时脑重约 350g，1 岁时约为 950g，到 3 岁时已接近成人水平。从脑的结构来看，人脑中大约有 1000 亿～ 10 000 亿个神经细胞，几乎和银河中星星的数量大致相同。而每个神经细胞都相当于一个微型电脑，又可以和其他 5 万个神经细胞相联结，构成一个复杂而又独特的神经网。这就等于将整个银河系的星星，全部装在大脑皮层这个极为狭小的只有几厘米的空间里，然后让它们全部运转起来，自然而和谐地互相传递信息——我们所有的灵感、思维、想象、创造，都是在这个神经网络里加工出来的。但是，并不是我们一生下来就有如此复杂而和谐的神经网，也并不是任何人都有如此复杂而和谐的神经网。它是在生命头几年，也就是大脑发育的关键期里创造出来的。科学家们已经证明：在一个需要终身学习的社会里，一个人学习能力的 50% 是在 4 岁前发展起来的，也就在早期的岁月里，婴儿大脑完成了大约 50% 的大脑细胞的联结——那是将来所有学习基于其上的通道（G. Dryden & JA. Vos 1997）。

由于婴儿不断地在看、在听、在说和运动，才使大脑划分为视觉、听觉、语言、运动等不同的功能区域，并画出一幅幅的神经图。但是大脑对这些神经图的创作定有最后的期限。如果在成长的关键期内，我们的视力、听力或语言表达能力没有得到应有的锻炼，这些神经细胞就会被重新分配用于其他用途。那么，我们看、听、说的能力就永远不可能达到它本来应当达到的水平了！

二、神经构建心智发展观

从心理生理学或神经科学的角度，我们可以尝试提出神经构建心智发展观（程淮，1997），以深入探讨教育环境刺激与脑的结构（特别是神经网络的构建）、功能及其智力发展的关系，从而为大脑潜能的开发提供理论基础与适宜的应用技术。

（一）人的心智差异，本质上是大脑的差异

科学家曾报告爱因斯坦的大脑与正常人没有什么区别，然而最近美国加州大学科学家再次报告，爱因斯坦的大脑额

叶皮层联合区——主管高级思维活动的整合中枢，其神经胶质细胞比普通人高出 70%。而那些年幼时遭受过心灵创伤的人，如出生后不久就被遗弃在孤儿院的婴儿，其控制情感和接受感官输入信号的皮层颞叶区几乎没有发育。这类儿童会有情感和认知方面的问题（Sharon Begley，1998）。

（二）遗传提供的是基础，早期经验决定了大脑的实际结构

婴儿出生时大约有 1 亿个神经细胞，已形成 50 兆个突触。婴儿的遗传基因来自卵子和精子，遗传基因已经决定了婴儿大脑的基本结构。它们已与脑干产生联系，使心脏跳动、肺部呼吸得以正常进行，但也仅此而已。人类大约有 8 万个不同的基因，而且足有半数以上用于中枢神经系统的构成和运行，但仍然远远不能满足大脑的需求。第一个月中，婴儿大脑的突触数量已增长了 20 倍，即 1000 多兆。因此，天生的基因数目根本不足以标明如此多的联系——这就有赖于生活经验，即婴儿从实际生活中接收的所有信号（Sharon Begley，1998）。

实际上，直到 1997 年科学家们才发现，人类大脑的实际构造是由出生后的经验，而不是由遗传所决定。幼儿的早期经验可以极大地影响脑部复杂的神经网络结构。遗传提供的是基础，生活体验塑造的是精神与灵魂（Sharon Begley，Barbara Kantrowitz，1998）。

（三）早期经验影响大脑神经网络构建的机制

1. 强化交触联系

早期经验所构成的各种刺激，通过强化脑细胞之间的联结点——突触来构建神经网络。当婴儿注视母亲时，他的视网膜上的一个神经细胞就与大脑视觉皮层的另一神经细胞联系起来，经过多次重复，这种联接就会变得轻而易举，并且将会持续一生。母亲的面部影像因此将在婴儿的大脑中留下持久的记忆（Sharon Begley，1998）。

2. 脑细胞对适宜刺激的特异反应

例如，让出生后处于早期视觉敏感期的小猫生活在只有垂直条纹的环境中，那么，小猫便只对垂直方向的刺激发生反应，而对其他方向的条纹刺激不起反应。研究发现，不同的学习与记忆活动涉及人的部位有所不同，而且随着学习的内容不同，脑内呈现出与学习内容相对应的动态的时空活动模式（第四届国际学习与记忆神经生物学研讨会，1990）。这表明，正在生长的大脑微观结构的变化与周围环境刺激的时空变化具有密切的依赖性。也就是说，正是婴儿在不断地感知和运动，才刺激了大脑相应区域的生长。最初，神经细胞就像未接到指令的士兵一样候命待发。当新生儿听到“妈”时，他的耳朵中的一个神经细胞就会立即释放出一种神经递质，将“妈”这个音的电子信号传送至听觉皮层的一个神经细胞。在多次重复后，神经系统便建立起一条专门辨别“妈”这个音素的网络通道。从此，“妈”这个音就在婴儿大脑的一组细胞中永久地记录下来。这组细胞将永远不会对其他声音做出反应。1 周岁时，婴儿听到的母语已在大脑中形成一幅听觉图，对于没有听过千百次的音素就无法辨认，因为没有神经细胞组负责对该音素做出反应。随着年龄的增长，学习新语言就会倍感困难，因为听觉皮层内可用于接受新音素的神经细胞越来越少（Patricia K. Kuhl，1998）。

3. 神经－内分泌通路

在 0 ～ 3 岁大脑发育的关键期，心灵创伤会导致脑内释放的应激激素水平增加。例如可的松，这种激素会像酸液一样流遍整个大脑，导致脑部皮层和边缘系统区域（负责情感、依恋联系）受损，受虐儿童的脑部皮层和边缘系统比正常儿童小 20% ～ 30%。这些区域内的突触数目也偏低，负责记忆的海马区域比正常人也要小（Linda Mayes，1998）。高可的松水平还令脑部负责警戒和觉醒的区域更为活跃，结果导致脑部过度警戒。当儿童梦见、联想或听到有人提及心灵创伤时，以往因受伤害而被激活的脑部区域马上就会被重新激活。这些儿童的应激阈值（stress threshold）较低（程淮，1992），最轻微的压力、最微不足道的恐惧都会刺激脑部释放更多的应激激素。结果则出现多动、焦虑和冲动的行为（Bruce Perry，1998）。可的松水平较高的儿童自制能力也较低，在高度紧张的环境下成长的儿童很难集中注意力和控制自我，他们的学习能力也会下降（Megan Gunnar，1998）。

总之，心灵创伤必然导致儿童情绪与行为方面的障碍，而这些情绪行为变化常伴随着心理生理反应，例如植物神经功能和内分泌的变化。而反复的神经－内分泌变化作用于靶器官或靶组织、靶细胞，就会形成环境刺激与脑及内脏功能的条件反射性联系，这便是所谓脑－内脏学习过程。这种联系一旦通过神经网络的结构变化成为信息高速通路而固定下来，就会成为神经内分泌系统与靶器官之间乃至免疫系统之间固定的心身反应通路，从而形成弱化的易感素质系统。当环境中的社会心理刺激反复作用于儿童时，就会产生易感器官系统的过度反应和免疫功能下降，最终将导致心身疾病和人格缺陷（程淮，1993）。

（四）高质量的教育生活环境，将创造出高质量的大脑结构与功能

丰富而适宜的教育环境刺激，是促进大脑发育最重要的条件。动物实验表明，在丰富环境中生活的幼小白鼠，其大脑皮层的重量、脑细胞的大小及树突的数目均呈大幅度增长。相反，如果把它们放在单调、贫乏的环境中生活，大脑的生长就会快速下降（Marian Diamond，1990）。正因如此，迅速生长的大脑最容易受到环境的影响，具有巨大的可塑性。高质量的教育生活环境，必将创造出高质量的大脑结构与功能。因为高质量的早期教育环境，就等于在大脑的可塑期给大脑以更高的硬件设置，以便将来它能运行任何软件程序，适应未来变幻莫测的社会生活环境。而促进大脑发育最重要的条件，或者说真正的营养素，就是丰富而适宜的教育环境刺

激！这种刺激，将从根本上改变大脑的微观结构和整个大脑的性能，使大脑更发达、人更聪明、心理更健康。

人类的大脑有很大的潜能。因此，我们必须充分把握大脑潜能开发的关键期，特别是生命头三年！这块蕴藏着人类智慧宝藏的沃土，正等待着富有远见卓识的开采者们的到来！良好的早期教育，在孩子的大脑皮层里创造的是一个茂密的神经森林，而不是沙漠。早期潜能开发实际上是给孩子大脑的“神经银行”存钱，存得越早越适宜，将来取得就越多越方便。所以，早期潜能开发本质上是大脑潜能的开发，而重视早期教育实质上是强调教育应当符合人的发展规律，尤其是人脑的发育规律。

三、婴幼儿潜能开发与教育的经济学和社会学意义

婴幼儿潜能开发与早期教育是社会发展的推动力。国外一些经济学家在进行大量的调查研究后认为，没有一种投资比投资儿童的大脑潜能开发有更大的社会效益和经济效益。因为实施一年的早期教育计划，可使儿童将来的工资收入提高 2.53 倍，在学前时期为儿童教育的投资可使社会获得翻番的回报！

威廉 · W. 温辟辛格在《征服未来》一书中写道 ：30 年后，只需要世界上现有劳动力的 2% 来进行生产，就能满足所有人需要的物品。这不禁使我们联想到“30 年后，你的孩子会下岗吗”这样一个尖锐、不容回避的问题。正如澳大利

亚未来学家彼德·伊利亚德所预言的那样："今天，你如果不生活在未来，那么，明天你将生活在过去！"从这个意义上说，在国际竞争更加激烈的21世纪，人才竞争的前沿领域，不在大学，也不在中小学，甚至不在幼儿园，而是在3岁前，在婴儿的摇篮中。

如果每个儿童的智商能提高5% ~ 10%，它所产生的巨大的综合效应就会像原子核聚变一样，对于家庭的幸福、民族的兴旺、国家的昌盛将会产生不可估量的作用。而一个婴儿智慧潜能的开发计划，其重要性及深远意义完全不亚于人类为征服自然而制订的一个个宏伟计划。如果说，当年阿波罗登月计划是人类向大自然挑战的壮举，那么，今天的婴儿潜能开发计划便是人类向自身潜能进行挑战的一场革命。因此，应当把婴儿潜能开发与教育列入我国的社会发展规划，并作为科教兴国、迎接知识经济时代的一项战略任务，成为我们着力提高人口素质的一项奠基工程。

四、从国内外家庭和社会需求来看早期教育

新西兰奥塔哥医科大学进行的一项为期10年的研究发现：即使在新西兰这样发达的国家，也有22%刚做母亲的人处于危险之中，而9%的人如果得不到额外的帮助和教育，就会有使婴儿受到生理损害的风险。但是她们通常得不到额外的帮助。

由于传统育儿观念和习俗（如打蜡烛包等）的影响，我

国婴儿在抬头、翻身、爬行、扶走等大运动能力指标上仍有待提高。

在我国，无论是家庭还是社会，都没有真正认识到 3 岁前婴儿教育的重要性。目前，教育行政部门只对 3 岁后的幼儿园教育提供支持，而擅长婴儿保健的医生却又不懂教育。在家庭中，父母绝不会把即将考中学、考大学的孩子托付给一位蹩脚的教师；为了上一所好学校，他们甚至不惜花费重金。但他们却敢于将 3 岁前的孩子交给一个缺乏儿童教育相关知识的保姆，或者干脆寄养在别人家里。实际上，他们痛失了良机，将孩子一生中最宝贵的潜能开发的大好时光白白地浪费掉了，而这个时期却偏偏是他们最容易把握的时期，也就是孩子处于自己怀抱的时期。同时，这一时期也是学校教育、社会教育所无法影响的，也是稍纵即逝、一去不复返的。

诚然，许多初为人之父母的年轻家长，对孩子的早期发展十分重视，但是他们苦于得不到具体而又切实有效的指导和帮助，尤其是婴儿心理与教育方面的帮助。而这些系统的知识和技能又只掌握在少数跨学科的专家手中。这就如同一棵大树，一方面，树上科研硕果累累；另一方面，树下却有许多家长抬着筐想得到树上的果实，然而，就是缺少把树上的果实摘下来放在筐里的人。

孩子的生命发展是一次性的，是一去不复返的。只有及时、充分地开发新生命的智慧潜能，才能为孩子的终生幸福奠定坚实的基础。

五、从儿童发展学科本身的发展来看早期教育

当代中国 0 ～ 3 岁儿童发展的理论与应用研究已经到了一个重要的历史时刻。多学科、跨学科的应用研究与具体实践已成为一种潮流与趋势。然而，如何将有关儿童发展的多学科、跨学科的理论方法与技术进行有机整合，是摆在儿童发展工作者面前的现实而又紧迫的战略任务。整合研究构成了当代儿童发展研究领域中新的科学前沿，它的进展呼唤着一门综合性的整体科学——中国儿童发展学的崛起与发展（程淮，1993）。

中国儿童发展学应当包括以下几个主要分支学科：儿童发展生理学、发展心理学、发展教育学及发展社会学。其中发展教育学将研究如何充分、有效地利用儿童生理、心理发展的规律，是以阐述儿童不同发展阶段的最佳教育目标、内容、原则、方法与技术的一门学科。而综合建构一门新学科——中国儿童发展学，完成儿童发展科学的跨世纪转变，是时代赐予我们的机遇和使命。

儿童发展研究的根本目的是促进儿童发展，这是儿童发展学的核心问题。从微观角度看，儿童发展离不开家庭、托幼机构、学校和社区的土壤。因此，优化儿童发展的微环境是儿童发展工作者最根本的任务。儿童发展的微环境特指那些直接影响儿童发展，并对儿童发展进程产生影响的各种人

物、场所和事件的总和（程淮，1997）。儿童发展的方向、速度与水平往往在很大程度上取决于儿童发展的微环境质量。0 ~ 3 岁儿童的发展与教育不应当只是一个必须满足的需求，而是应达到一定的质量。因此，需要制定最低的质量标准和评估手段，使其成为优化儿童发展微环境的基本工具。

六、0 ~ 3 岁儿童家庭辅助感觉统合训练方法

每个孩子的遗传因素都是在受孕时已经决定了的，是后天环境和教育所不能影响的。我们所能做的是控制环境。一个人无论天资怎样卓越，若无适当的学习机会，是不可能凭空有什么大成就的。若有适当的训练，即便是比较愚钝的人，也可以获得相当的知识和技能。同时，遗传的重要性也是不可回避的问题。低能的儿童，如果一味地强迫其学习赶上同龄人，不但是“缘木求鱼”，而且会耽误其他技能学习的关键期，造成更坏的结局。

0 ~ 1 岁的儿童进行感觉训练有哪些益处呢？通过对全身皮肤感官的刺激，传送到大脑，使中枢感受点兴奋，刺激神经细胞的形成和触觉的联系，逐渐促使小儿的神经系统发育和智能的成熟。

所有父母都希望孩子健康、活泼，在孩子未出世前，准父母都急切地期待着孩子的降临。母亲不仅创造了生命，同时也创造了人格，创造了意识。优生优育不仅关系到整个社会，同样关系到家庭的幸福。

孕妇保持良好的精神状态，情绪稳定、性格开朗、身体健康是保证优生优育的关键。如果准妈妈在孕期受到某种刺激，精神状态不稳定，容易激动，身体健康时时受到侵害，不仅对孕妇自己身体不利，也会给胎儿带来严重的影响。因为人类在遗传过程中，将许多基因复制给了下一代，尤其是将看不到的精神、人格因素等隐性基因遗传给了孩子。所以，孕妇在保证身体健康的同时，要尽量保持情绪、精神等方面乐观向上的态度，这对孩子的发展至关重要。

孩子出世后首先要注意的是母乳喂养。母乳喂养对婴儿的健康非常有利，母乳中含有各种抗体和酶，可以增强新生儿的抗病能力。同时，在哺乳过程中，增强了与婴儿皮肤接触和抚慰的机会，母亲的言语、微笑、气味、触摸，对婴儿早期感知觉的发展及依恋关系的建立都具有重要的意义。母乳喂养的孩子与喝配方奶粉长大的孩子一开始就出现了味觉上的不同。喝配方奶长大的孩子将来在口味上更倾向于喜欢快餐食品，因为它们在口味上有所相似。

对于出生 1 个月的婴儿，主要问题是要从生理、心理上适应外界环境的巨大变化。在此期间，新生儿的脑发育是否健康、功能是否正常，将对以后的心理、生理发展有重大的影响。

每一个正常的新生儿都应该具备觅食、吸吮、握持、拥抱、踏步、交叉伸腿反射等神经系统的反射。在 1 岁之内，每个月孩子智能发育的正常规律是：一视二听三抬头，四握五抓六翻身，七坐八爬九扶站，十捏周岁独站稳。

婴幼儿动作的发展是生理与心理共同发展的结果。对于婴儿来说，其大肌肉运动主要是头颈部、躯干和四肢幅度较大的动作。比如抬头、翻身、坐、爬、站、走、独脚站、上下楼梯、四肢活动和姿势反应、躯干平衡等。这些运动能力都是婴幼儿时期必须掌握的关键能力。

婴幼儿在 8 个月时爬行，对孩子后天的身体协调性和智力发育相当重要。家长在婴幼儿期对孩子过分保护，经常抱着孩子，怕孩子摔着，不让孩子充分的活动，会使孩子长大后产生走路笨、协调性差、身体扭来扭去、爱摔跟头的现象。

要克服这种现象，就应该让孩子科学地成长起来。孩子长到 1 岁 3 个月就会独立行走，能搭两块积木，一岁半跑得稳了，拉一只手可以上楼梯。从 1 岁到 3 岁是孩子发展较快的时期，第三年是第一年动作发展的巩固阶段。到了两岁，孩子就会上下楼梯、开门。3 岁时能倒退走、会叠纸张，到了 4 岁，孩子就会一只脚站，用剪刀剪图画了。

如果你知道了孩子的成长过程，就会认真对待孩子成长的每一个时期。对孩子进行科学、合理的喂养和身体训练，这将有利于孩子正常茁壮的成长。父母可以在婴儿的成长期对其进行早期教育训练，让孩子的智力、体能都能正常地发展。

（一）1 ~ 3 个月

训练重点是充分利用先天性条件反射的同时，建立后天反射，且越多越好，如定时喂奶、自然入睡等。训练孩子的感觉器官，让孩子听各种声音，看鲜艳的物品。发展孩子的运动功能，练习俯卧抬头、抓握东西、做婴儿体操和抚触训练。

（二）4 个月开始

及早将婴儿抱到户外呼吸新鲜空气，感受大自然的气温，闻一闻花草的香气，听一听虫鸣鸟叫，看一看蓝天白云，绿树红花，摸一摸沙土石块，新鲜的刺激将引起婴儿的情绪。

（三）3 ~ 6 个月

训练重点是手的抓握能力，全身运动功能，练翻身、打滚和爬行，练习发音。

（四）6 ~ 9 个月

训练重点是练习爬行，发展对语言的理解能力，鼓励孩子的模仿行为，发展手眼协调和认知能力。

（五）9 ~ 12 个月

训练重点是培养独站和行走能力，培养语言能力和认识事物的能力。

（六）1 ~ 2 岁

训练重点是让孩子练习走、跑、跳的灵活动作，教孩子说完整的句子，回答问题，说明问题，说明事物，进一步发展认识能力。

（七）2 ~ 3 岁

训练重点是培养孩子的口头表达能力，培养孩子的思维、概括能力，培养孩子的独立性。

特别提示：应该根据新生儿的不同气质，采用不同的抚育方式！

新生儿会因气质不同而表现出不同的行为方式。但气质是先天的，成人在开始时应该寻找适应他们的方式。双方先协调起来，建立起值得信赖的关系，再逐步改正孩子不适当的要求。

因此，对于比较安静的孩子，要避免鲁莽、冲动的激烈方式，而应更加轻柔地对待他们。对于反应缓慢的孩子应百倍地增加耐心。特别是那些性格明快、行为简洁的父母，则更应注意收敛自己的行为以适应孩子。

对于容易激动、烦躁、啼哭的孩子，可以通过大量的身体接触对他们进行抚慰。对于过分敏感的孩子，如害怕大的噪音、不愿见强光，则应采取温柔的态度对待他们。在孩子不断成长的过程中，频繁和丰富的环境刺激会使他们慢慢习惯外部世界。

值得注意的是：不要把早期对孩子气质的迁就，无条件延伸到他们可以接受社会教导的时期，比如两岁。因为那时他们已能逐渐接受语言的教导，可以学习行为规则了。如果此时仍像早期那样迁就，就会助长他们的不良行为。

第 2 节

3 ~ 13 岁儿童家庭辅助感觉统合训练方法

感觉统合训练是解决各类儿童行为问题的一种切实有效的新方法。它使许多孩子的行为问题在快乐的游戏中不知不觉得到了改善。这种方法很受家长们欢迎，并悄然改变了许多家长的育儿观。但由于各种原因和条件的限制，目前正规的感觉统合训练只是集中在相当有限的范围内，不能满足大多数家长的需要。而且，感觉统合失调的问题关键在于预防，越早训练效果越好。为了解决这个问题，这里介绍几种由家长配合可直接在家里进行的游戏训练方法，既简单有效，又能促进亲子关系，希望能给家长们一点儿帮助或启示。

一、前庭功能失调的训练

（一）问题主要表现

好动不安、注意力不集中，上课不专心、爱做小动作，听而不见、久转不晕，平衡能力差，虽看到了仍常碰撞桌椅、门、墙。

（二）游戏方法

1. 充分爬行

宝宝出生后 28 天内就具有爬行反射。每天让宝宝俯卧几秒钟，先锻炼颈部肌肉，使他慢慢能抬头。然后用手抵住宝宝的双脚，宝宝可趁势向前爬。宝宝会爬后再充分爬行 3 个月以上，尽量不使用学步车。可以专门准备一块地毯铺，让孩子在上面爬，既保证安全，又使孩子有足够大的活动区域。爬行不足的孩子走路容易摔跤、磕碰。

2. 平衡游戏

婴儿期家长要多摇抱宝宝。也可以让宝宝多坐摇篮，强化孩子对自身重力感刺激的输入。大一点儿的孩子要让他们玩荡秋千、走平衡木等游戏。

3. 飞机游戏

由家长仰面平躺，向上伸出胳臂，双手顶住孩子的前肩，并弯曲双腿，用脚托住孩子的腹部，孩子则颈部抬高，双臂张开，双腿并拢伸平，作飞机状。这时，可以做前后左右摇动。

4. 摇毛巾游戏

用一块大毛巾将孩子包住，由父母各拉一头，左右或上下拉动毛巾，使孩子随毛巾摆动，也可在摆动时指示孩子向固定目标投球。

（三）给家长的一些建议

第一，婴幼儿阶段最好使用摇篮，或者经常摇抱小孩，使孩子的前庭功能得到锻炼。

第二，周岁后的孩子则应多提供骑木马、坐电动玩具、滑滑梯、荡秋千、跳弹簧垫等活动机会。如果孩子前庭抑制功能不良，可能会出现头晕等反应，家长应给予孩子心理上的支持，并且鼓励孩子坚持他们所从事的活动。在孩子游戏时，只要对孩子适度加强保护，并且循序渐进，孩子就会逐渐适应、改善。

二、触觉过分敏感的训练

（一）问题主要表现

偏食、挑食，不爱吃菜；经常吃手或咬指甲；情绪不稳定，爱发脾气；在陌生环境中胆小、怕黑、黏人或紧张、退缩，不敢表现；对小伤小痛特别敏感；不合群或不会和别人玩，爱惹人。

（二）游戏方法

1. 洗澡游戏

（1）冷热水刺激：在安全范围内，让孩子感受不同水温带来的刺激，可以主要由手来感受。家长也可先做示范，并观察孩子的表现。

（2）梳头游戏：用梳子的尖端刺激孩子的头皮，并为其顺势梳头，也可以让孩子自己来，对手指的精细运动和了解自身形象都有帮助。

（3）麻布刷身游戏：用麻布以中等力度刷孩子的手臂、

前胸、后背、足部，可以与此同时讲故事或唱歌，保持轻松氛围，以免孩子紧张。麻布也可用毛巾、海绵、软刷等替代。

2. 抓痒游戏

让孩子躺在床或沙发上，抓挠他的腋下、胸口，依据孩子的反应来控制用力大小和刺激强度。如果连一些常需接触他人的部位也有强烈的反应，则需加强此游戏。

3. 卷毛巾游戏

找一条略微粗糙的大毛巾，将孩子整个卷起来，再轻轻地滚动或下压，也可用双手轻轻抱紧孩子身体的各部位，强化各部位的触觉感受。

4. 沙土游戏

将淘洗干净的细沙放在大盆里，让孩子在里面玩耍，尤其要适当增加沙土与孩子身体的接触面。沙土可由纸、树叶、米、豆等代替。此种游戏更适合在沙滩上进行，鼓励孩子在沙土中建立自己理想中的世界。

5. 垫上游城

让孩子在地毯上双手抱头向左右两个方向滚动。这项游戏对运动企划、触觉、自我形象都有益。另外，还可练习前滚翻和后滚翻，对触觉、动作平衡、协调都有帮助。

6. 小刺球游戏

用带突起的小刺球在孩子身上滚动或轻压。四肢和前胸可以由孩子自己来完成，后背则由家长辅助进行。

（三）给家长的一些建议

第一，经常多地爱抚孩子：情绪稳定以及良好的人际关系的建立均有赖安定的触觉系统，而适宜的爱抚是促进触觉系统正常发育的基础，也是形成安定情绪的有效方法。

第二，给孩子提供干净、自由的游戏空间：让孩子能在地上自由爬行及接触周围物品，尽量不使用学步车，以免使其丧失爬行及用手触摸环境的机会。

第三，对触觉敏感的孩子，父母可以在他们洗脸、洗澡或睡觉前，以手或柔软的手巾轻缓地触压或按摩孩子的手脚或背部。

第四，对触觉迟钝的孩子，父母可用软毛刷刷孩子的手心、手臂及腿部，以唤醒其触觉感知；或者给孩子玩触摸玩具，让他在玩耍中不知不觉地增进触觉识别能力。

第五，对触觉过分依赖的孩子，父母处理时要谨慎。一般这种孩子通常有吸吮手指、手帕或被角的习惯。父母不要采用高压或恐吓方式来纠正这些习惯，而应该首先适度地满足孩子对触觉的需要，加强亲子关系，使孩子有安全感，在此前提下再要求他们逐渐改掉这些习惯。

三、本体感失调的训练

（一）问题主要表现

动作协调能力差，笨手笨脚；做事拖拉、磨蹭；语言表达能力差；缺乏自信、消极退缩、不敢表现。

（二）游戏方法

1. 从小抓起，多多活动

要注意手指小肌肉的精细运动训练，可根据孩子的年龄、能力等特点自行设计抓、握、捏、扔等游戏，如摆积木、投球、捏橡皮泥等。尤其应注重生活自理能力的培养。上幼儿园之前要学会洗手、擦脸、剪纸以及自己擦屁股。之后要练习握笔、涂鸦、拿筷子、系扣子、剪纸、系鞋带等。

2. 多进行球类运动

球类运动对小肌肉、大肌肉协调以及反应速度、灵活性都很有帮助。3 岁左右的孩子要学会拍皮球，并练习左右手交替拍。大一点儿的孩子可以训练他们打乒乓球和羽毛球，由简单的分解动作开始，坚持下去，对注意力、手眼协调以及将来学习能力很有好处。

3. 多多表达

为孩子提供适宜的语言环境，多和孩子交谈、讲故事，鼓励孩子表达自身的需要和感受，让孩子逐渐学会准确地描述身边事物，善于发表自己的看法。家长要尊重孩子的想法，用欣赏的眼光去发现孩子的细小进步，及时对孩子进行表扬，培养孩子的自信心。

4. 学做家务

适当地让孩子参加家务劳动是培养意志力、责任心、自信心，养成良好生活习惯的有效途径。4 岁左右的孩子有积极参与家务的要求。家长要抓住这个契机，不能因为觉得孩子小或做得不够好，就剥夺了他们练习的有利时机。家长的包办代替只会导致孩子笨拙、懒惰、意志力差、缺乏自信以及没有责任心。家长应耐心地教会孩子逐渐从事各种家务，并在一定程度上让孩子长期承担某项任务。

家长要重视孩子的运动，感觉统合能力就是在适宜的感觉信息刺激和适宜的运动中逐渐培养的。孩子玩弄或咬自己的手脚、摔东西、敲打玩具、搬弄桌椅或爬上爬下，都是在从事有益的活动。因此，父母千万不要为了避免事后收拾麻烦，或怕孩子遭到任何一点儿小碰伤，就全面禁止孩子活动，而是应以积极的态度，使孩子得到适当的活动。

另外，3 ~ 4 岁的训练重点是记数能力和思维能力培养，进一步加强语言能力的训练，丰富词汇量。5 ~ 6 岁是培养孩子练琴、学画画的最佳阶段。这时孩子的求知欲开始强烈，只要正确、科学地引导孩子的成长历程，您将会看到一个健康、活泼的孩子在茁壮成长。总之，儿童早期要多抚摸、多摇抱，尽量母乳喂养，多和孩子说话，多逗笑，增加语言信息刺激。4 岁之前不要限制孩子吮手、裹嘴、咬毛巾被。只要保持清洁，唇部运动有利于语言的发展。4 岁之后，随着注意力开始逐渐指向外界，上述问题会自行缓解。要让孩子有机会哭，练习声带发音。这些无疑都对语言的发展有利。

家长可以根据自己孩子的问题，参考上面的方法自行制订一套重点明确、循序渐进的训练计划，然后进行训练。统合训练一般都要经历 2 ~ 3 个月，要坚持去做才会取得较为满意的效果。如果孩子在此期间有什么问题，应该及时打电话咨询专业指导老师。当然，最终感觉统合应该成为一种观念，渗透在每个人的日常生活当中。可以说，感觉统合训练从生活中来，又要回到生活中去，训练的最终目的也是让人们更好地适应周围环境，而不是离开现实的生活情境去空想能力的提高。

第 10 章
Chapter 10

儿童感觉统合治疗师的职业要求

大量的心理学实验越来越清楚地证实：儿童问题的早期干预具有十分重要的现实意义。为了孩子的健康成长，家长和老师都需要了解一些专业的心理训练方面的知识，这就需要大量经验丰富的专家来出谋划策，尤其是那些同时具有心理学、教育学、医学等知识的跨专业的专家们，共同携手为家长提供更多专业的咨询平台和学习机会，使更多的孩子受益，使更多的家长得到更充分有效的帮助。

合格的感觉统合治疗师不仅具备全面而扎实的心理学知识、丰富的实践经验、专业而敏锐的观察力和耐心细致的服务态度，还具有充沛的精力和良好的心理品质，有持久、真挚的爱心和奉献精神。本章将对儿童感觉统合治疗师的职业要求做简单的介绍。

第 1 节

感觉统合治疗师的职业素质要求

一个合格的感觉统合治疗师除了要有慈母般的爱心和耐心，能够较好地理解家长和孩子的心理，另外，还要系统深入地学习儿童心理学、教育学等相关知识，再经过一定周期的严格培训，考核合格才能上岗。因为他们不仅要面对有各种行为能力问题的儿童，还要有能力指导年轻父母怎样科学地教育孩子。

一、基本要求

在感觉统合治疗师的工作中，一个最基本的要求就是：不论治疗师在哪里，他们始终应该关注这些孩子，关注孩子的每一个动作以及细微变化的表情、神态，并能从中及时体味孩子的心理需要，而且对这种需要做出正确的反应。这种关注，不同于一些家长的过分关注和对孩子的限制或包办代替。比如，孩子不会系鞋带，治疗师会鼓励孩子自己尝试，并适当地给以指导，而绝不是替他系鞋带。有的家长认为这样做会让孩子感到挫折和压力，甚至责备治疗师照顾不周。治疗师应理解这是家长对孩子的一种爱，只是方法不可取，所以要在适当的时机、适当的场合，最好避开孩子和其他家长，将这样做的好处和必要性，用家长能够接受的语气告诉他。不可以当面指责或态度生硬，让人无法接受。毕竟，无论是心理咨询还是心理训练和心理治疗，都是以人为本、服务于人的职业。也就是说，治疗师不仅要注意自己说了什么，还要注意怎样说（即说话的态度和方式）。

现在敏感、胆小的孩子很多，有的家长过分在意孩子的感受。实际上这些孩子通常反应较快、智商也较高，但是由于情绪无法控制，自控能力和适应能力就比较差。如果平衡感不好，孩子就会站无站相、拿东西不稳、好动不安等，如果触觉不好，孩子的表现则是在外与在家判若两人，黏人、爱哭、怕生、孤僻、坏脾气、固执、挑食、咬人等。这些都需要在孩子很小的时候，通过身体的视、听、嗅、味、触及平衡感官等有计划地加以协助，进行全方位的训练。

二、感觉统合治疗师应该具备“四心”

做一个合格的感觉统合治疗师，最重要的是要具有“四心”：

（一）爱心

这是从事感觉统合治疗师职业的前提，是一种职业的责任感、使命感。

只有发自内心的热爱，才能有热情去工作，去指导家长从科学、适度的角度去爱孩子，既不能溺爱孩子，也不能任其发展。

（二）耐心

这是与孩子相处的必备条件。孩子很小，很多心理活动还不能及时、准确地表达出来。治疗师要有耐心，通过相应的活动帮助孩子表达。比孩子更需要耐心沟通的是家长，只有他们认可才会让孩子做训练。因此，耐心地做好与每一位家长的沟通和交流工作，给予他们知识上的补充和方法上的指导，是统合训练能否顺利进行的基本保证，也是孩子取得进步的前提。

（三）细心

在与孩子相处的过程中，通过观察孩子的表现来发现问题。比如同样进入一个陌生的环境，有的孩子表现很自然，有的孩子则很敏感，甚至大哭大闹，闹着要走；还有的过分活跃，不分场合地多动。这些往往不是他们成心要捣乱，也许是不耐烦了，也许是需要关注，也许是自控能力比较差，无法管住自己。这时候治疗师需要细心地观察和满足他们的某些需要，而不是不分青红皂白地训斥孩子或阻止孩子做某事。此时，治疗师要引导孩子的注意力，去完成他们能够感兴趣的任务和游戏。

（四）恒心

发现问题，就要寻找解决方法，而且有的问题解决起来可能会很困难。在孩子的统合训练过程中，许多方面的事治疗师都要考虑到。比如，建议孩子穿方便活动的衣服和鞋子，训练之前不要吃太多东西，也不要喝太多水，身体不舒服的时候应暂时停止训练。这些问题治疗师都要逐个叮嘱孩子。每天的训练，尤其是其他人都休息的寒暑假和一年到头的双休日，这时家长和孩子们时间都比较充足，治疗师要坚持准时做好工作，没有恒心是不行的。

其实，无论是教育还是医疗，包括咨询业，都是提供特殊形式的服务，那么所面对的都是特殊的顾客，顾客第一，这应是植根于每一个工作人员心中的准则。

治疗师这个工作是与人打交道的工作，应注意在与人交往过程中遵守人际关系的准则。面对每一个人，首先要接受对方，不管他有哪些缺点和做得不好的地方，往往不是他成心要那样做的，都有一定的原因。有了这样的态度，我们就会耐心地倾听对方诉说，进而能够与对方感同深受，能够理解对方。第二是尊重对方，不管对方的学历、相貌、社会地位、人品怎样，他首先是和我们平等的。从这个层面上讲，我们应该尊重每一个人，尤其应尊重他的合理要求和意见。第三要赞美对方。每个人身上都有闪光点。治疗师要善于发现这些闪光点，恰如其分地赞美他。人总是希望能够得到别人的认同，尤其是喜欢被赞美。当对方在与你交往中有了良好的心理体验后，就会对你产生好感，进而增进了双方的关系，工作就能顺利地进行了。

第 2 节

感觉统合治疗师在具体工作中的注意事项

一、安全是统合训练过程中最重要的问题

专业的感觉统合训练教室为孩子们提供了丰富多彩的室内活动游戏器材。这些经过专门设计的感觉统合训练器材首先具有安全性，能够保证孩子们在活动中避免受伤。所以，无论是平衡木的两端还是小滑板和大滑梯的周边，都安装了保护套，所有螺丝都由工作人员定期检修，以确保使用的安全性。

统合训练的治疗师们在工作的时候也总是将孩子们的安全问题放在第一位。比如，在训练孩子做滑板爬时，一定要求孩子的手指向外，防止滑板的轱辘碾到手指。又比如，在做圆桶时，每次都要认真系好安全带，因为有些时候，孩子可能会因某种原因失去自我保护能力。为了防止摔倒或撞伤，此举十分必要。

总之，在整个训练过程中要十分注意孩子的安全问题，不能给孩子带来意外伤害。

二、对敏感、胆小的孩子要有更多鼓励和耐心

这些专门为儿童提供的游戏具有鲜明的儿童特色。它的色彩丰富且鲜艳，非常容易吸引孩子的注意，并使他们很快就喜欢上这些玩器具。有了这些，治疗师就可以比较顺利地指导孩子们进行快乐的游戏了。在训练活动中，大多数幼儿感到快乐、轻松、主动性增强，而个别孩子会感到恐惧、害怕、紧张，表现出退缩甚至哭闹。对于这种情况，治疗师的耐心就显得十分重要。我们不必急于要求孩子完成训练项目，可以先让他和父母一同看看别的孩子怎么玩。在慢慢地熟悉了环境后，孩子的情绪就会逐渐地稳定下来。同时受环境影响，孩子也会产生想要尝试某种游戏的愿望。这时，可以先挑孩子感兴趣的项目试一试，直到他很自然地接受训练。整个过程也许很难，尤其是第一次，但治疗师必须保持足够的耐心，不能训斥、嘲笑甚至打骂孩子。如果家长表现出不耐烦的情绪，治疗师也要立即劝其用耐心的态度对待孩子。

在此后的训练中，治疗师应尽量给孩子们自由选择项目的权利，并根据孩子的自然喜好，充分调动他们训练的积极性，然后再由自选动作过渡到规定动作，完成整个训练计划表中的规定项目。有些相对比较复杂的项目，可以先经过同伴的演示，在其他孩子演示的过程中，给予孩子更简洁、明确的提示和建议，先做分解动作，鼓励孩子自己尝试。这样能更好地帮助孩子提高能力水平。当孩子在亲身体验中获得

愉悦的情绪时，也更激发了他们的兴趣。比如从大滑梯上趴在小滑板上头朝下往下滑，有的孩子开始可能会害怕，不敢尝试。但是经过其他孩子演示后，他们很快就会跃跃欲试。这时候治疗师再轻轻地扶他们一把，给他们安全感，并且在完成动作之后立即夸奖几句，他们继续游戏的热情就会被充分地调动起来。这样，他们在活动中就会逐渐增强信心，并且建立良好的自然情绪，训练效果也就达到了。其实，越是显得弱小和笨拙的孩子就越需要人们的鼓励和耐心。只要这两点做到了，许多问题也就迎刃而解了。